巷子口機率學

許玟斌 著

五南圖書出版公司 印行

前言

不要將所有雞蛋放在同一個籃子；人們不能預知未來，如同樹上的鳥兒不知甚麼時候會被獵人射殺；人生常苦，沒有人知曉生老病死的時刻。面對這麼多的不確定性與不可預測性，《聖經》傳道書建議人們努力工作盡情享受渡過虛空的一生；佛家則勸導我們努力修行，嘗試去除貪嗔癡慢疑等煩惱的根基。這些教導無非勸戒人們在天意難違的情況下，努力生活或修行，期望來日順利的進入天堂或西方極樂世界。

山不轉路轉、路不轉人轉，只是順服天意、看天吃飯的人生態度。雖說人算不如天算，但是自古以來，人們也是不斷嘗試改運，其中諸葛亮借箭借東風與孟母三遷就是無人不曉的例子。諸葛亮神色自若或擺壇作法只是裝模作樣罷了，他唯一的憑藉就是了解季節變化、深知當時當地佈滿濃霧或吹起東風的機率很高的知識。而孟母幾次搬家的理由也是希望孟子能有學習的榜樣與環境，相信近朱者赤、近墨者黑的機率較高。不過同樣的因緣未必形成一樣的結果，這也是人們的共識，造成的差異也是只有機率能夠解釋吧。因此我們不得不相信，依據機率制定決策的過程，比較能夠達成目的。

機率是一種以0與1之間的實數，數量化文詞上敘述自然現象或運作人造器具產生不確定性、變異性或不可預測性等隨機現象的機制。假設我們了解一個隨機現象的隨機行為，例如彩券各個中獎數字組合出現的分配狀態，術語稱為機率分配函數，如此人

們就可以計算各種獎項出現的機率，所以機率的本質是一種演繹法的應用。

　　而統計則是一種根據機率取樣設計收集隨機現象的觀察值，例如颱風雨量，使用機率理論建立描述這個隨機現象的隨機變數的理論機率分配函數的科學，基本上是一種具備科學精神的以偏概全的歸納法。

　　作者之前出版《統計原來這麼生活》（博雅，2011夏至），這本書的主軸圍繞統計方法過程的理論與應用，機率只有一個章節簡略的介紹而已。為了補足這個缺洞，也為了完整介紹機率的基本觀念與應用，這兩原因構成撰寫本書的動機。

　　本書廣泛使用常見的隨機現象與日常用語，祈望讀者能夠藉以充實機率相關的背景、技術、方法與應用的基本知識。

　　第一章我們列舉數個常見用語說明機率與決策的關聯，藉以反思人們行動之前忽略估計事件發生的機率的不良後果。第二章首先介紹模式化隨機現象的隨機試驗，提出一個階層圖彙集機率問題的分類過程，以明確計算機率的步驟，然後說明傳統機率與經驗機率的意義。

　　由於計算事件發生的機率必須能夠計數隨機試驗的樣本空間，以及我們關切的事件包含簡單事件的數目，第三章介紹達到這個目的常用的技術與方法。確知某一事件已經發生的條件下，另一事件發生的機率稱為條件機率。這個觀念方便當我們獲得額外資訊時，計算之後事件發生的機率，它的理論基礎稱為貝氏定理。這兩個主題構成第四章內容的主軸。

　　第五章包括隨機變數與期望值運算的性質與應用。隨機變數的觀念方便我們利用代數與函數處理機率的問題，而期望值符號

運算使得我們能夠一致性的表示描述隨機現象的隨機變數的機率函數的參數。

除了運作骰子、紙牌或樂透等人造機制的不可預測性外，一般模式化自然界的隨機現象的隨機試驗，大都無法明確界定它的樣本空間，當然也無法定義相對應的隨機變數的機率函數。我們只能根據有限或可以獲得的觀察值，利用統計推論找尋適合的理論機率分配，也就是定義產生這些觀察值的隨機變數的理論機率分配函數。理論機率函數比起從觀察值直接彙整的經驗機率函數更符實際，因為前者涵蓋從未但可能出現的觀察值也能消除可取得的資料集合的不規則性。第六章我們介紹數個實用的隨機變數的理論機率分配與應用時機。

個人以為學習機率統計，不但能夠增進處理隨機問題的能力，也幫助我們比較能夠坦然面對無可避免的人生無常與世事難料的窘境：

人生旅程的種種際遇，

導致一連串喜怒哀樂的事件，

是純屬偶然的隨機過程？

或是因果循環的必然演化？

若是能夠試著：

養成求知的習慣；

定義問題邏輯的相關人事物；

建立系統輸入與輸出的概念模式；

進行模式模擬或預演並計算可預見場景出現的機率；

運用智慧制定決策。

是否可以減少無知而得意忘形，與無助的驚慌失措？

除了師長、學生、父母與家人外，作者衷心感謝，耐心仔細閱讀本書的讀者；本書發行者五南圖書公司；副總編輯張毓芬小姐；責任編輯侯家嵐小姐；文字編輯錢麗安小姐；插圖設計蕭育幸小姐；封面設計盧盈良先生

許玟斌

目錄

我還可活多久？

常看一二，知足常樂

可怕的蔬果農藥殘留

精品市場到底有多大？

　　各類媒體每天大肆報導或介紹豪宅名廈、度假聖地、珠寶首飾、皮包手錶、養生祕方、保健產品，對於沒有恆產，單靠微薄薪資過活的大多數人只有嘆息命苦，除了偶而禁不住思考這類精品的市場到底有多大，還能怎樣！

　　2011年霸佔美國華爾街活動人士聲稱社會資源分配不公，集中在少數的極端的1個百分位數。這個數字有多大，以台灣人口總數兩千三百餘萬來說，1個百分位數至少超過23萬，所以頂尖5個百分位數當然超過一百萬人，單單這群富豪或肥貓的消費能力已經足夠支撐精品市場。更何況那些邊緣或不自量力的族群，受不了廣告的誘惑或虛榮心作祟而用力擠入這個市場，龐大的商機就此形成。

望著新婚的妻子以羨慕的眼神看著櫥窗裡的精品服飾，年輕的丈夫在心理盤算著，還要過幾年才有能力買來送妻子呢？

第一章
人生無處不機率

　　真麻煩，為甚麼我們隨時隨地都要面對大大小小的決策問題？更麻煩的是，為甚麼我們面對的決策問題大都沒有一個明確的或結構化的解決方法？是過去的先賢先聖們沒有留下足夠的解決良方？還是因為問題本身具有太多不確定性或不可預測性？

　　本章我們利用生活上常見的例子，說明隨機現象、機率與決策的關聯。

　　● 命相師告訴命帶功名之格、卻不幸落榜的考生說，你的命好但是運氣不足。

天體運轉沒有明確規則

　　討論時間尺度好像有一點奇怪，因為誰不知道年月日時分秒等時間單位的意義，不過真正了解一秒鐘的定義的人應該很少！願意知道的有心人敬請查閱百科全書或網路上的電子文件。

　　起初人類將白天與夜晚兩種狀態的周期定義為一天，隨著生活作息的複雜化，一步一步的將一天粗略的分為十二道時辰或二十四個小時，然後再細分為分與秒等尺度。現在的我們都知道，由於地球的自轉才會產生日落日出交替出現的現象，所以一天等於地球自轉一圈的時間長度。

　　但是，為什麼每一天的時間長度都不一樣，隨著季節變化嗎？隨著文明的發展，人類開始了解月亮繞著地球，地球帶著月亮繞行太陽公轉，於是定義了四季與二十四節氣，使得人們的生活作息能夠配合節氣變化。雖然如此，還是不了解為什麼每一天的長度都不一樣。當時的科學家以為緣於度量儀器的不夠精確，後來才發現自然界本身就具有不確定性。也就是說，地球自轉與公轉一周的時間以及月球繞行地球一周的時間，三者並沒有最小公倍數，它們各自與相互運行並沒有明確的規則。

　　還有，我們定義重量的單位，與國際標準組織公斤砝碼等重的物件稱為一公斤。不可思議的是，重複度量國際標準組織公斤砝碼的重量也不都等於一公斤。這個事實讓人類了解，度量物件性質時也會發生不可避免的變異性。

 為什麼重複度量國際標準組織公斤砝碼的重量也不都等於一公斤？

　　另外，也沒有任何人能夠正確預測，每次投擲人造物件，例如骰子或銅板的結果，當然也沒有人能夠預知下一期樂透中獎的號碼組合，就算經過許多人千方百計以及無數次的嘗試。

　　上述自然現象本身的不確定性、投擲人造器具的不可預測性與度量物件性質時發生的變異性，科學家將它們通稱為隨機現象。一般來說一個系統（一組人事物的集合它們相互運作以達成某個任務），其中的每一個物件都有可能包含隨機因子，所以系統的輸出幾乎都有變異性。為了描述隨機現象，也為了當面對它們時能夠制定適當決策，科學家們發展機率與統計等機制，以增進人類的福祉。

　　隨機現象（random phenomenon）：自然（natural）現象本身的不確定性（uncertainty）與運作（manipulate）或度量（measure）物件（object）性質（property）時產生的不可預測性（unpredictability）與變異性（variation）的通稱。

　　機率（probability）：以0與1之間的實數，度量隨機現象的

不確定性、不可預測性、變異性等信心（belief）程度的機制。

統計（statistics）：採掘資料集合中隱藏的資訊的資料分析技術，通常包含定義問題、確定取樣設計、收集與彙整資料、定義隨機變數的機率函數，以及依據樣本統計量估計的理論機率函數的參數，或進行系統機率行為的假設檢定等步驟。

養生妙方能確保健康？

保持身心健康應該是所有人類的願望，為了達成這個目標，學者專家不斷的發表各種飲食、運動、休息、醫療與修心養性等方面的研究報告。他們如何發現這些觀念與建議，難道不是透過多次的實驗與分析？然而就算他們的實驗過程與分析方法都是符合科學精神，彙整的養生妙方真正適合每個人嗎？答案：當然不是。因為人類基因組合的極度複雜，每個人都是唯一的個體，所以理論上沒有一套可供人人遵循的守則。對於經過嚴謹研究過程的結論，都未必有效，何況那些難以驗證的所謂偏方。還有不同宗敬信仰，不同生活習慣，不同居住環境的人們，對於飲食、運動、休息、醫療與修心養性等方面的認知差異也是蠻大的，不是嗎？

所以無論是食物種類與搭配，健身活動的型態與延時，睡覺休息的方式與時程，以及修心養性的知識與智慧等達成健康目的的具體原則與做法，只是對於某部分人士有效，對於其他人則不會產生效果。如果我們將產生效果的人數除以總人數，獲得的商數，稱為產生效果的比率。那麼從全體任意選取一人，她或他產生效果的機率等於這個比率（ratio）。

比率（proportion）：系統中物件具有或屬於某種性質的個數與全體物件個數的商，它是系統的一個靜態的常數。

現在我們以一個較小的例子來說明以上的觀念，假設一位牙醫師針對20位患者使用相同的止痛藥，其中的15人認為有效，其餘的5人依然感覺疼痛。那麼認為處方無效的比率等於5/20或25%，如此從這20人之中，任意選出一人，她是屬於無效的機率等於0.25。換個方式來說比率是靜態的，它表示部分與全體的比值，以百分比表示。機率則是一種動態，例如任意選出一個人的活動，出現某種結果的可能性，以0到1的實數來度量。

病人：醫生，為什麼吃了止痛藥還是痛的要命。
醫生：抱歉，每一種止痛藥不見得適合所有人，我換另一種給你。

坊間各類主食蔬果使用方式、運動習慣的重要性與養成、獲得充足的休息與正確人生觀的指引等書籍多如牛毛，如何選擇呢？原則上，首先選擇成功機率或知名度較高的方法，如果效果顯著就繼續進行，反之尋求它方。不幸生病了，打針吃藥的選擇也是如此，不斷的尋求有效處方，直到痊癒為止。

 報導學生不吃早餐的比率偏高，值得家人與政府關注。

名人代言　保證有效？

　　人們一向不容易滿足，有了健康的身體，有錢有閒的就會覺得自己不夠美麗或不夠英俊，於是尋求雕塑身材或整型改變外觀的良方。追求俊俏的體型並不是一種罪惡，但是沒有逐步鍛鍊而盲目聽信捷徑的話，那就是一種愚笨的行為吧！雖然如此，名人代言加持產品的熱賣，說明了人們崇拜偶像的幼稚與受不了誘惑的行為，多少年來一直沒有改變。不，應該說這個現象就是一直伴隨人類的演化，當然還會繼續不斷的延續下去。這個結果只是肥了廠商與代言者，自己的體態仍然依舊，倒是荷包消瘦不少。

🔘 一昧聽信名人代言，充其量就是東施效顰而已。

　　針對各類廣告，專責單位必須要求廠商提出合理的驗證結果，當然稽查人員也該具備統計知識以辨識這些實驗報告的真偽。但是市面上產品廣告的數量繁多，如何一一檢視？訂定抽樣調查的機制與重罰不實廣告的措施，培養民眾的心理建設等，不就是政府努力的方向？

　　比起良好飲食與運動習慣或整型以雕塑身材，改變穿著或借用化妝品也是一個快速又經濟的選擇，造成模特兒行業的興盛。可是我們也知道，有些人可能是老天特別或隨機眷顧而天生麗質，並不需要任何的後天保養或修補，這些俊男美女極有可能不是使用他們代言的產品才擁有傲人的身材或皮膚。

　　貴族、皇親國戚或有錢有勢的人，他們居家豪奢、出入名車，也是許多人羨慕爭先模仿的對象。為了滿足人們的虛榮心，豪宅跑車的廣告充斥，好像只要使用這些產品的人士就能夠馬上升級成為貴族。對於經濟能力超群、足以享受豪華生活的族群，他們應該已經是貴族，隨意添購高檔商品也不會提升多少品

味。但是那些東湊西借勉強購買超出自己能力的商品的人士，甚至造成生活品質的降低，仍然被貴族瞧不起。

如此，相信誇張的廣告或名人加持，打算與政商名流當鄰居，或掏錢購買並使用精品的人士，以及媒體報導某人在世界個別競賽表現出色、為國爭光，或舉辦耗費大量金錢與物力的活動讓世界記住台灣……請事先計算達到目的或事實真象的機率再說吧。

充實知識　累積經驗

第一天上學，那種期望長大的興奮與面對陌生環境的不安，相信大家還是記憶深刻，不管經過了多少年。然後一路從國小、國中，高中到大學，畢業後有些人選擇就業，也有許多人更進一步進入研究所深造。為什麼我們大都因循這個模式成長？不就是因為父母與長輩們認為，這是一條機率較高，通往未來安居樂業的道路。不過，高學歷不見得就能擁有高薪資，聰明智者不多累積傲人財富或名氣的例子，倒也屢見不鮮。所以，問題出在哪裡，父母經驗不足或觀念偏差？某些人的際遇或運氣特別好？

個人以為，社會上被公認為成功的人士，本身的背景與奮鬥過程常常被選擇性的美化或誇大。他們的事蹟就像名人代言般的，烙印在大家的腦海。如果我們能夠獲得比較完整的數據，計算社會賢達人士的性向、學經歷與成就的關聯，為人父母或長輩們對於他們的子女的期望，將能制定正確達成的機率較高的方向吧。

🔘 小朋友第一天上學，有著期待長大的興奮與面對陌生環境的不安。

　　還有一個問題，為什麼學校成績的優劣，也不能確定畢業生成就的高低？在此我們不去討論成就這個抽象名詞精確的定義，因為它是一種相當主觀的觀念，不容易形成共識，我們就以相同學經歷與薪資來比較。如此，學經歷相同而薪資的多寡不同，可以歸類為一種隨機現象。產生這個隨機現象的原因，除了無法解釋的際遇外，應該就是各人的工作與待人接物的態度了。

　　工作與待人接物的態度，不會是一時能夠改變的，一定是經過長期的養成。所以在許多名人的演講、著作或訪談中，大多說明了閱讀與思考的重要性。因此，學校教育除了傳授專業知識外，更重要的是培養學生良好的習慣：閱讀、思考、守時、守法。經過這種成長過程的薰陶的公民，不能否認這些人未來前途光明的機率較高，有人反對這個看法嗎？

理性投資　追求財富

　　每個人進入職場後就該思考投資理財的問題，要不然如何支付未來房子、車子的貸款，養兒育女或退休之後的龐大開銷，這就是大家不斷被灌輸的觀念。這個觀念一點都沒錯，誰不想定居豪宅、出入名車，誰不想辦法讓子女接受良好教育。但是聽信理財專家的建議，沒有獲利甚或賠上老本也不再是故事，尤其在2008年金融危機的時期。所以在固定收入的前提下，除了養成節儉絕不浪費的習慣，慎重選擇理財專家與投資標的，應該是追求財富的第一步。

　　面對日以繼夜電視節目名嘴即時討論，報章雜誌的精闢的分析，以及期貨、股票、基金的運作與經營管理專書，我們如何孕育正確的決策？大部分的人們也許缺乏財經的背景知識，也許沒有足夠的時間，也許太相信理財專員的建議或沒有熟讀契約等等而吃盡了苦頭。這時候自保之道，就是不要相信毫無根據的投機機會或自己不瞭解的投資組合。一定要在投入資金之前做點功課，根據歷史紀錄計算某理財專家預測的準確度，計算某投資標的或組合的回收率，也就是應該依據勝算或獲利的機率進行投資。

面對微薄的薪資收入，該怎麼合理的分配各項支出呢？

卜卦算命能掌握未來？

俗語說：早知道就好了，但是對於未來的變化，誰能明確的告訴我們？因此求神拜佛、禱告祈福、尋求庇護以趨吉避凶，一直是許多人的日常功課。就算如此，大大小小的不幸遭遇與苦難，還是不分青紅皂白的降臨在所有人的身上。所以聖賢們告誡我們隨遇而安，放下過去的種種，對於未來也不用過度擔心，只要保握當下。

但是回顧千百年來的歷史，人世間的百態也沒有什麼改變。活著的人，位居高位者忙著祈雨祭山以安撫百姓，許多民眾天天禱告或例行的擲筊算命以求事事順利，死後也會尋求風水寶地下葬以庇蔭子孫。如何估計這些行為能夠如願的機率，就算這個機率是存在的？

信眾虔誠禱告獻祭祈求國泰平安五穀豐收

　　明明不相信祖墳風水，卻假裝相信的著名例子，當屬隋煬帝。當術士稟告他家祖墳風水奇佳時，他反問我弟弟戰死沙場，為何我當上皇帝？當然術士另有一套說辭，例如生辰八字、布施行善、熟讀經書或前世因緣等的不同，命運也會改變。隋煬帝假意相信命運，只是為了強化他坐上皇帝寶座的正當性罷了。

　　植基於出生年月日時等的西洋星象與我們的八字，斷言人們的未來，形成結論的依據與可靠度為何？以今天處理資料的能力與技術，收集符合相同出生時分的組合條件的所有案例，加以彙整分類，也許可以獲得某個屬性的變化趨勢的機率。但是目前市面上的這類書籍或執業的專家，應該都不是運用統計或機率的結果，而是神諭或沒有說明來源，所以無法估計其可靠性。一個不能清楚交代資料來源，也不能形成有效的結論的方法或技術，沒有一點存在的意義。

　　碰個運氣期望中獎，是一般人購買彩券的心理狀態，但是相

信明牌或自行推算未免太不務實際。因為如果彩券中獎號碼，真有明牌或能夠被推算出來，為什麼有人要出售明牌，為什麼世界各地還在發行彩券？如果真想藉此發財，請先計算投資彩券理論上獲利的期望值（expected value）再做決定（詳如第五章）。至於個人投資彩券的期望值，等於他自己非常多次數購買彩券，每一注中獎金額的算術平均數，這是一種計算投資報酬率的簡易而實用的方法。

以今天的資訊科技的發展，收集、分析與儲存大量資料的能力，各行各業未來的發展趨勢或個人性向與能力的定位與關聯，應用統計方法比起神喻或任意預測更具意義，所以無論是政府或個人在決策過程，都應該應用成熟且透明的機率統計技術。

挑戰體能極限的運動員

除了天才型的球員，大部分的職業選手大都經歷嚴格的養成計畫，不斷的參與比賽累積臨場經驗、不斷的嚴格訓練培養體力與耐力，以及不斷的心理諮商以降低精神壓力。以職業高爾夫球為例，獎金的分配幾乎是2的倍數的遞減，要是不能常常在賽事中擠進前數十名，恐怕連生活都成問題，只能依賴企業或政府的支助。1960-1980年代的高爾夫名將，傑克‧尼克勒斯（Jack Nicklaus）曾說：好多人打了一手好球，只有能靠它吃飯的才是了不起。這句話很有意義，真正高手必須能夠在正式場合勝出。

每年都需要接受教練的指導以維持體能與心理狀態，才能

保持顛峰，就算是傑克‧尼克勒斯這位世界頂級的球員也不例外。教練與球員主要的依據就是機率，因為去除不同的天候、場景、心理狀態與擊球方式等可見因素外，擊球結果還是不可完全預見。所以他們的目標就是，理解與熟練各種組合的變化，執行最大或然率的動作，適時修正以取得最佳戰績。

▶ 球員在比賽時會根據天候與地形條件，估算出球的理想落點，一舉擊出最佳成績。

　　職業球賽本來就是一種商業行為，大概除了觀眾外，球員、媒體、比賽用具的廠商與主辦單位等都是為了錢。對業餘者來說，參與各種運動項目，健身之外也在滿足好勝心。因此我們也應該聽取專業教練的指導，努力練習成功機率較高的擊球方式與心態，期望能夠打出一手好球。

　　從事挑戰人類體能的極限，長途越野、征服高山、懸崖跳水等冒險活動的人士，常常成為我們的偶像，因為成功的機率很小。我們一般人運動的目的，主要是為了培養健康的身心或完成自我挑戰，不需要也不值得冒險。雖然如此，選擇的項目與方式

還是脫離不了機率，才能獲得追求的效果。

天災與人禍

　　天有不測風雲，尤其在人類還沒有足夠的知識與科技以了解天體運轉的規則的時期。天氣變化或有規則，但是它的複雜度還是遠遠超過演進到今天的人類解決問題的能力，所以氣象專家們也只能計算或預測短時間的未來氣候的變化。

　　每當台灣東南方低氣壓氣團形成後，國內外的氣象專家們無不緊密的觀察。雖然今天的科技仍然無法準確預估低氣壓氣團未來的發展模式，將來也是不可能，因為它是一個隨機現象。但是科學家們還是能夠運用天候變化的機率與統計知識，對於颱風的動向與風雨威力予以預測。

氣象專家指著衛星雲圖說明颱風動向的預報

　　由於颱風的狂風豪雨可能危害人民生命與財產，所以無論是政府或百姓都必須依照氣象單位的預測，盡早做好防備工作，以

降低損害程度。除了颱風季節，各類媒體照例隨時公布未來的天氣概況，顯示人們的作息與天氣變化息息相關。換句話說，政府或一般百姓與天候相關的決策，必須處處依據氣象資訊，也就是出現某種狀況或事件的機率。

我們也常常聽到：今年冬天是一個寒冬，今年颱風侵襲台灣的次數偏少，今年雨量稀少可能發生乾旱等等氣候趨勢的報導。姑且不論這些陳述的正確性或可靠性，它們都是一種度量事件發生的可能性或相信程度。假如這些語言敘述能夠被量化，也能夠根據觀察值記錄定義天氣變化的機率規則，人們才能制定適當的對應決策。

人有旦夕禍福，不管人們怎麼潔身自愛，如何詳盡規劃，還是可能蒙受災難，因為影響我們生活的隨機因子太多了。例如食用蔬果含有超量細菌或農業殘留量，飲水與空氣汙染等問題，就算環保與衛生單位說明取樣的數量與檢驗結果，多數情形之下我們還是無所適從。以近年發生的食品添加物塑化劑來說，相關單位公布的檢驗結果，僅能告訴我們某家廠商的某項產品是否合格，對於未曾檢驗的商品則無法提供任何資訊。因此我們也許知道不該購買哪些商品，但是仍然不知道可以安心的食用哪些產品。

如果檢驗單位沒有依據適當的機率式的抽樣設計（sampling design），選取接受檢驗的各個商品，僅就當次檢驗結果公布某種商品的合格率那就更可怕，因為不見得反映事實，更可能造成誤解。為甚麼呢？因為隨意選取的樣本其檢驗結果的合格率或不合格率，與同類全體商品的合格或不合格的機率之間並沒有理論上的相關。所以這種不符合科學精神的報告，一點意義都

沒有,就算沒有危及大家的健康狀態。因此,唯有根據統計原理,收集與彙整資料、再進行統計推論(inference)所形成的結論,方是具有應用價值。

公共政策成敗的基礎

所有公共政策與公共工程的規劃與效果,都需要依據正確的資訊(事件發生的機率),才能符合人民安居樂業的需求。

目前政府擬定照顧弱勢族群或鼓勵生育的政策,實在很有趣也很不公平;有趣的是不同的地方政府依據各自財政狀況制定不同的補助標準,不公平的是也許弱勢族群居住在屬於財務比較困難的縣市。如此一國多制的現象真讓人不解,難道國民身分還要分級嗎?如果能夠依據比率或機率制定補助標準、地區比率、估計人數與國家預算等條件訂定適當政策,那該有多好!

以醫療保險來說,訂定保險費用的金額,應該依據各類疾病發生的機率以及醫療、行政與政府預算的支出。在某人身上發生某種疾病,就算也許有些醫學或基因理論的根據,大部分的案例還是無法斷定原因,因此它是一種隨機現象。醫療與行政管理的支出,也是一種隨機現象,因為無法事前明確的計算。這些隨機現象可能產生的結果或機率,在規劃合適的保險政策之前,都必須被合理的定義。

弱勢族群的補助照護政策，由各地方政府依照財政狀況來制定會形成一國多制的不公平現象。

　　台灣地區河流短促山坡土壤不夠穩定，每逢豪雨土石流或淹水的新聞就會不斷的從災區傳出。穩定山坡地的措施，不外是使用水土保持的植生方法，或能夠短期奏效的工程建設，這些方法也是必須築基於事件可能發生的機率。有些地區無論哪種方法都沒有效果，只能放棄經營，例如南投縣政府對於盧山溫泉區的建議。

　　避免城市淹水的措施，就是在河流兩邊沿岸堆築堤防。決定提防的高度等結構，絕對不是隨意設計，必須依據願意承擔的風險（risk）。這裡的風險的定義為在多少年之內，至少一次河流水位超過設計堤防高度的機率。計算這個風險，規劃人員就要能夠定義河流水位高度這隨機現象所有可能發生的結果與機率。在此我們以一個變數代表一個隨機現象所有可能的結果，稱為隨機變數（random variable）。要是可以完整定義隨機變數可能的數值區間與落入各別區間的比率，就能夠顯示出來隨機變數可能產

生的結果的分散（dispersion）情形，以機率術語來說，稱它為隨機變數的機率分配（probability distribution）。表示機率分配的方式大致分為圖形、表格與數學函數（function）三種，其中以數學函數的表示法最為實用，它被稱為機率函數。

　　如此，計算堤防高度必須依據設計風險，計算風險必須依據河流水位這個隨機變數的機率函數。獲得這個機率函數，必須仰賴統計技術：收集河流水位高度的觀察值；使用統計推論的方法估計，與檢定這個隨機變數的理論機率函數的模式與內含的參數值。看起來有點複雜，不過這可是大部分公共工程建設成敗的基礎。

作奸犯科心存僥倖

　　交通事故主要原因是用路人沒有遵守交通規則，還有一些屬於漫不經心的騎乘者。摩托車騎士闖紅燈早已司空見慣，放假期間年輕人集結飆車的消息也不是什麼新聞。年輕不懂事偶而冒險玩命，也許沒什麼了不起，但是養成不守法的習慣，那事情就大條了。為什麼這些習以為常的不良行為，並沒有被適當的勸導或處罰？如果活人沒有不怕死的，那應該是心存僥倖的態度，因為違規時並沒有被有效制止。如果行車者遵守交通紀律的比率很低，違規被逮的機率也很小，又勸導或處罰的機制也沒有說服力，怎能導正那些偏差觀念？

許多人看到號誌燈變色時仍心存僥倖，覺得出事機率很小而硬闖，導致不幸發生。

當前大學生不讀書不用功，進入大學只想混個文憑者比比皆是。許多大學生平時翹課，考試時作弊也不當一回事，不但不能期望這類學生能夠累積本科的專業知識，只求他們不要在就學階段養成一身壞習慣就謝天謝地了。演變到這個地步，有人說不但這類學生應該被當掉，那些不盡責沒有好好管教學生的老師也應該被當掉。話是不錯，不過教與學應該是相對的，相輔相成的。假設學校用功學生的比例很高，老師能夠貢獻所長努力教學，嚴格考核學生，一切就會如預期的達成教育的目的。請注意上一句中的假設，如果用功學生的比率很低，學有專精的老師的比率不高，嚴格淘汰學生的機率不吻合常理，請問如何要求在這些條件下的教育品質，這正是許多學校目前面臨的窘境。

曾經作奸犯科的人，本性壞到底的人應該只是少數，就算是有也是比例很低，絕大多數都是環境與學習造成的。所以為人父母者必須以身作則，在位者更應該應用機率制定良好的學習環境

與社會制度，並使用統計技術匯集檢討政策的成敗，以利建立後續措施。

相信理性？還是憑直覺？

對於可以產生隨機數值的人造器具，例如硬幣或骰子，我們可以預先知道它所有可能產生的結果，所以出現某一個結果或組合的機率不難計算，只是比率的運算。而非人造器具的隨機現象，發生某事件的機率必須依賴統計方法或相對次數估計，因為無法獲得所有可能的觀察值。在無法掌握隨機現象的前提下，估計事件發生的機率非常困難。如此面對決策時，我們應該相信理性的機率或直覺？

在流行性感冒蔓延時期，相信有好多人會反問自己是否應該施打疫苗？為什麼人們會猶豫不決，因為接種疫苗不是沒有風險。試想如果任何一個人施打疫苗發生嚴重後遺症的機率等於萬分之一，假設全民接種，那麼發生問題的期望值就會達到兩千多人，一個非常可怕的數字。因此只有在藥物後遺症很低，或感染機率很高時，施打疫苗才有意義。

飛機出事機率很低，遠低於幾十萬分之一，所以我們並不怎麼擔心，照樣搭機出國洽公、拜訪親友或旅遊，但是為什麼許多人每次搭飛機都會購買保險？買保險的原因很複雜，從機率角度來說，是否必要？

儘管出事機率很高，仍然不聽勸告依舊酒後開車

彩券中大獎的機率很低，還是有人很幸運的抱回大獎。抽菸導致肺癌或飲酒過量誤事的機率很高，為什麼許多人一點也不在乎？

由以上例子看來，事件發生的機率高低與許多人的決策行為存在許多落差。從機率的定義來說，它只是一個隨機現象出現某一種事件的可能性的度量機制。以現實面來說，一個事件只有發生或沒有發生兩種結果，不管發生該事件的機率多高或多低。所以隨意投擲一枚出現正或反面的機率皆相同的硬幣，連續出現十次正面後，第十一次出現正面或反面的機率仍然相等，因為每次投擲硬幣的活動都是獨立的，沒有記憶性的。

同理，事件出現的機率很高，不發生就是不發生，例如房屋遭受雷擊；事件出現的機率很低，會發生就是會發生，例如簽中樂透。所以俗語說：智者千慮必有一失，也說某人很幸運，恰似瞎貓碰到死老鼠。我們當然不該懷疑智者的能力，也不必詫異發生瞎貓碰到死老鼠的事，因為它們符合墨菲定理啊！

　　如此，就算計畫周詳都還有失敗的機會，更何況沒有事先估算事件出現的機率或風險只是靠天吃飯的決策。

求神問卦的筊子

　　雖然求神問卦的筊子大小不一，但相同的每枚筊子都是平凸各一面，我們可以假設投擲一對筊子出現平凸各一的事件機率等於1/2嗎？

　　大部分人士類比投擲兩個硬幣的直覺反應是1/2，不是嗎？這個答案是否正確，端賴各別筊子投擲結果出現平或凸面的機會是否相同相等的假設。筊子平凸面各自出現的機率，不見得相似於均衡硬幣的假設，我們只能依據在相同的環境下重複執行投擲筊子活動非常多次，再以各面出現的相對次數當做它的近似值。通常計算社會、經濟與自然現象等事件發生的機率，由於我們無法收集齊全所有可能觀察值，沒有範圍就沒有計數的基礎，所以只能運用相對次數的經驗法則計算事件發生的機率的近似值。

　曾修習機率統計好奇的學生不斷的擲筊，嘗試計算筊子出現凸面的機率。

第二章
計算事件發生的機率

　　我們天天面對的問題或系統中物件的性質大都具有不可預測或不確定性，使用模糊字詞敘述隨機現象可能、也許或相信發生某一個結果，已經不能滿足人類處理隨機因素的需求。隨著文明的發展，數學家發展了數量化度量物件隨機性質的機率理論。

　　本章首先介紹模式化隨機現象的隨機試驗、樣本空間、母體與樣本等名詞，再以一個階層圖整合計算事件發生的機率的背景知識。接著介紹機率公理與集合運算，它們是機率理論的基礎建設。然後以投擲一顆公正骰子，以及不能確定一顆骰子是否公正等兩個假設，推演傳統機率與經驗機率的定義。最後介紹，如果產生隨機現象的某個物件性質，例如等車時間與雨量等，它們的出象無法使用一些可數的與有限的數值點記錄時，我們稱為連續母體的問題，它們只能利用經驗機率計算事件發生的機率的近似值。

汽油降價連續超過十次，官員嘆息：世事難料。

模式化隨機現象的隨機試驗

為什麼地球自轉一周的時程圈圈不等？為什麼度量國際標準組織制定的公斤砝碼次次不同重量？這類自然現象長久以來困擾了許多科學家，直到他們發現天體運轉本身的不規則性與度量物件性質時產生無可避免的變異性。為什麼沒有人能夠預知樂透中獎號碼或任意分派紙牌的組合？為什麼從許多可區別的物件中任意選取數個物件時同樣具有不確定性？這些運作人造器具隨機發生不可預測的性質不但迷惑著人們，更是用來制訂公平遊戲與隨機選取物件的標準方法。

在第一章我們曾經說明為了瞭解自然現象的不規則性與變異性以及運作人造物件等系統發生的不可預測性與不確定性，機率統計術語通稱它們為隨機現象，以一致性的方式研究它們的性質。

 看著傍晚的雲層，有經驗的農夫就能準確判斷隔天會不會下雨。

　　使用「可能」這個字眼描述一個隨機現象發生什麼結果的機會，本來就沒有什麼奇怪，因為誰也無法提出一個明確的答案。所以「可能」或「也許」等含糊不明確的字詞，早已構成日常生活上人們表達不確定性，或不可預測性的習慣用語了。不過可能性本身存在許多模糊的語意，譬如某甲看到烏雲密布的夜空說：明天可能會下雨；如果在同樣天氣狀況下某乙也是預測：明天可能會下雨，雖然這兩位使用相同的字詞──「可能」，但是或許仍然存有程度上的差別。這種隨著個人的認知或信心度量某個隨機現象發生某觀察值的機會，稱為主觀機率。有關主觀機率的內容，已經超過機率入門的範圍，敬請參考相關論述。本書僅僅介紹使用數學方法度量隨機現象出現某觀察值或組合的可能性的機制，它是一種數值化描述隨機現象產生某個結果的信心程度的基礎觀念。

　　系統，一組人事物的集合，各自與交互運作以完成某一特定任務。模式，依據研究目的、假設與範圍等建立的代表物。系統

與模式本來就是許多學科在規劃與執行階段的過程，為了釐清複雜的各項因素之間的相互關係時常見的一對觀念。在處理機率問題上也不例外，我們研究隨機現象（系統）的第一個步驟就是發展一個相對映的代表物隨機試驗（模式）。

　　系統（system）：一組人事物的集合，它們各自與交互運作以完成某特定工作。

　　模式（model）：為了瞭解系統運作行為或邏輯，依研究目的、範圍、詳細程度與假設條件等建立的系統代表物。

▶ 房仲業者以模型屋或平面示意圖（模式）向潛在顧客們說明計畫中的實體建築物（系統）。

　　以記錄丟擲骰子出現的點數的任務來說，這個系統包含骰子與桌子等物件，由人執行丟擲的動作，然後觀察與記錄出現的點數。再以觀察某次颱風夾帶多少雨量的系統，它是包含雨量計、紀錄器、設備地點、演算法與人員等物件各自與交互活動而產生預報結果。由於一般產生隨機現象的系統多少存在許多模糊性或不夠完整性，因此研究之前必須確定目的、假設與範圍等以

建立一個模式。

　　從機率的角度，我們建立描述隨機現象的模式稱為隨機試驗。假設一項試驗（可以產生出象或觀察值的活動）構成一個樣本空間（所有可能出象的集合），可以在相同條件下重複進行，又進行活動之前不能預知將會出現哪一個出象，它就是一個隨機試驗。這麼咬文嚼字的說明模式化隨機現象的隨機試驗的假設是必要的，因為事前未知出現哪一個出象，可重複性與預先定義的樣本空間才有計算機率的意義。

　　試驗（experiment）：可以產生出象的實驗或活動。

　　出象（outcome）：執行試驗或觀察隨機現象的直接結果。

　　隨機試驗（random experiment）：一個完整定義的樣本空間、可以在相同條件下重複進行、又活動之前不能確定或預測將會出現哪一個出象的試驗。

　　簡單事件（simple event）：依研究目的，定義隨機試驗的出象。

　　樣本空間（sample space）：隨機試驗所有可能簡單事件的集合。

　　空間（space）：集合的範圍（universe），它不包括任何集合之外的元素。

　　集合（set）：物件（object）或元素（element）的收集。

　　在丟擲一顆一般正六面體骰子的活動，每次執行之前雖然不能確定產生的出象，但假設一定是只有一面向上或只能出現包含1至6點（明確樣本空間）的其中一個，又假設這個試驗可以在相同條件下重複進行，這當然符合隨機試驗的假設。一般來說，描述人為或人造系統的隨機現象的隨機試驗的明確樣本空間與所有

出象都能完整列舉。

　　接下來以某特定時期觀察颱風雨量的隨機現象為例，我們發展的隨機試驗包含任何一次颱風挾帶的雨量度量之前不知，但是可以合理假設它的樣本空間包含無限多（所有觀察值的集合，假設樣本空間）；且每次颱風來襲時都可以觀察與記錄等三個假設。

▶ 閒來無事的人士，計數一包抽取式面紙共有幾張。

　　觀察值（observation）：記錄隨機試驗的出象的數值或符號

　　一般來說運作人造器具與完整定義的人為系統的隨機試驗，因為試驗之前已知所有可能簡單事件的集合，它有一個明確樣本空間；但是模式化自然現象的隨機試驗，沒有人也沒有辦法界定所有可能的出象，它只能有一個假設樣本空間。

明確樣本空間

舉例來說，從一付完整普通撲克牌任意抽取一張的活動當然是一種試驗，出象就是抽出的一張牌。假設我們可以在相同條件下重複進行抽取紙牌的活動，被任意抽取出來的紙牌（出象）一定是這付紙牌的其中一張，它是一個花色與點數的組合，是一個簡單事件，這些所有可能的簡單事件構成一個樣本空間（52張紙牌）。雖然如此，但是執行試驗之前還是未知哪一個簡單事件將會出現，所以上述隨意抽取紙牌的活動是一個隨機試驗，並有一個明確樣本空間。

在各類選舉系統的選民投票行為，某位選民在未表明之前，理論上沒有人可以預知他支持的對象（未知的出象），當然每位合格選民都有投票的權利（重複的活動），又選民可能的支持對象明確列在選票上（樣本空間已知），所以開票活動也是一項明確樣本空間的隨機試驗。

果園例如芒果、木瓜、荔枝等每顆果樹度量產量的隨機試驗，理論上雖然繁瑣，但是它的樣本空間還是可以被明確定義。又如度量全國個人薪資所得的隨機試驗，以官方收集資料的資源與能力，當然可以也能夠定義一個明確樣本空間。

如上說明大部分人造器具與人為系統，當規模或數量不大時，依據模式化不可預測性或不確定性的隨機試驗，我們都能夠輕易的建立一個明確樣本空間。

在果園批發商問果農：一棵芒果數樹每季大約生產多少斤？

　　但是可以辨識一項隨機試驗的簡易事件與樣本空間，不見得就能直接計算事件發生的機率，還必須清楚簡單事件與試驗出象的關聯。在投擲一顆公正骰子的試驗，如果我們定義簡單事件等於出象的點數，我們可以斷定它們有一對一的關係。但是如果我們定義簡單事件是否等於奇數，出現奇數的事件可以被1、3 或5等三種出象對應；同此2、4或6等三種出象都是對應到偶數事件。

　　又以記錄投擲兩顆公正骰子的點數和的隨機試驗為例，它的明確樣本空間共有11種簡單事件，我們可以將每一個簡單事件直接對應一個不同的點數（2、3、…12）。如此，試驗結果出現點數和等於2與12的事件分別對應（1, 1）與（6, 6）的出象，等於3與11的事件可分別對應二種出象，…，而（1, 6），（2, 5），（3, 4），（4, 3），（5, 2）與（6, 1）等六種出象都是對應到點數和等於7的簡單事件。如此這種試驗的出象與簡單事件是一種多對一的關聯。

如上雖然產生隨機現象的物件相同，但是隨著研究目的不同，隨機試驗與相對應的樣本空間可有不同的定義。針對本節明確樣本空間的隨機試驗，我們可以利用稍後介紹的傳統機率方法，計算事件發生的機率。

假設樣本空間

從一付普通撲克牌紙牌中隨意抽出一疊，然後再從這一疊紙牌隨機抽取一張觀察其點數的隨機試驗，這個問題與從編號1至5的5張紙牌中隨意抽取一張並記錄點數的隨機試驗不同，後者的樣本空間明確但前者屬於假設樣本空間的問題。因為就算我們可以合理假設試驗的出象等於1至13個點數的其中一個，但是任何一個點數出現的機會與這一疊紙牌中包含相同點數的張數有關，如果試驗之前我們不知道這個性質，當然沒有辦法定義這個隨機試驗的明確樣本空間，只能依據重複執行隨機試驗的觀察值以發展一個假設樣本空間。

又上小節介紹描述果樹的產量、選民支持對象，以及個人薪資所得等人為定義的系統的隨機試驗，雖然理論上可能建立一個明確樣本空間，但是在考量成本與效果的前提下，重複執行隨機試驗以發展一個假設樣本空間的做法較為實際。

模式化大部分自然現象，例如颱風雨量的隨機試驗，任何一次的度量值可以落入一段數值區間的任何一個而不是某個特定位置，它的樣本空間包含無限多的可能觀察值，例如沒有人可以收集齊全某地區曾經與未來可能發生的所有颱風雨量。再以度量日累積雨量的隨機試驗來說，某特定時期的樣本空間也只是這個地

區有限時段內的一個假設，它並不適合代表其他任何時期，因為沒有發生過的出象不會被涵蓋。因此描述雨量多寡的自然現象的隨機試驗，研究人員只能根據多次的記錄以建立一個假設樣本空間。

名校高材生無奈地嘆息：就業十年了，月薪還不到五萬。

　　本節的例子再次說明，就算產生隨機現象的物件相同，但是隨著研究目的、假設條件與範圍的不同，隨機試驗的出象或觀察值等對應的樣本空間可有不同的定義。面對多次隨機試驗的觀察值的集合構成的假設樣本空間，我們可以利用稍後介紹的經驗機率方法，計算事件發生的機率。

母體與樣本

　　之前曾經說明，隨著不同研究目的，隨機現象的出象與簡單事件可有不同的對應關係。例如投擲一顆骰子的試驗的6種可能出象與記錄點數的簡單事件是一對一的關聯；而投擲兩顆骰子的

試驗共有36種出象，點數和分別為2, 3, 3, 4, 4, 4, 5, 5, 5, 5, 6, 6, 6, 6, 6, 7, 7, 7, 7, 7, 7, 8, 8, 8, 8, 8, 9, 9, 9, 9, 10, 10, 10, 11, 11與12，它們對應的簡單事件只有11個，如此出現點數與簡單事件是多對一的關聯。又在選舉開票系統中，記錄所有選票的支持對象的方式就是一種普查，而選民的支持對象與後選人也是一種多對一的關聯。

為了接近日常生活資訊的意涵，某天某地區可能降下較大雨量時，氣象局的預報通常將它們預先分級，如大雨、豪雨、大豪雨與超大豪雨等。雖然雨量分級的隨機試驗的樣本空間只有包含四個簡單事件，但是仍然無法知道或計算曾經或未來所有可能各級雨量出現的次數，因此我們還是只能定義一個假設樣本空間，它的觀察值與簡單事件也是一種多對一的關聯。

為了適切表示出象與簡單事件的對應關係，我們將記錄所有出象的觀察值的集合稱為這個隨機試驗的母體（隨機試驗所有可能觀察值的集合）。

母體（population）：隨機試驗所有可能觀察值或普查記錄的集合。

普查（census）：度量所有標的物件的某一或某些性質的資料收集方式。

擁有完整母體，例如具有明確樣本空間的投擲骰子的隨機試驗或一項選舉（普查）開票結果，我們都能夠應用機率公理與定理以及計數樣本空間的技術（如第三章），再以傳統機率方式計算事件（一個或數個簡單事件的集合）出現的機率。

人造器具或人為系統，我們或許可以定義一個明確母體，但是由於資源的考量甚或度量過程必須破壞物件（例如度量電子商

品的使用週期），我們也許只能利用機率抽樣設計選取受測物件，經過度量才能獲得一個觀察值，這些觀察值的集合構成一個隨機樣本（一組相同且獨立的隨機變數的觀察值的集合）。

選舉投票日之前的民意測驗就是一種常見以調查收集樣本的方式。每位依據機率抽樣設計被選取的選民，他或她的支持對象在表明之前未知，但支持對象只有某幾位已知的後選人其中一位，所以每一次請教受訪者的支持對象都是一個隨機試驗。假設每位被調查的選民都是獨立決策，這組觀察值的集合就構成一個隨機樣本，而每一個觀察值都是相同的假設母體的一次隨機試驗的出象。

至於大部分描述自然現象的變異性或不確定性的隨機試驗，沒有任何方法足以獲得全體觀察值，只能定義一個假設母體。這個狀況使得我們沒有辦法依據機率抽樣設計，因為無法完整定義所有自然現象的時空，只能藉由有限的多次隨機試驗（觀察）以組成一個樣本。由於自然現象的樣本空間包括無限多的觀察值，我們常常將它預先分割成為數個互不重疊的區段（離散化樣本空間），然後計數落入每個區段的觀察值的次數來建立一個樣本。當然，根據直接觀察或區段樣本空間形成的樣本，它必須應用假設檢定的步驟判斷是否符合隨機樣本的定義，才能建立一個理論機率函數。

當以普查方式收集所有隨機試驗的觀察值不可行或不符經濟效益時，我們只能使用調查（選取與度量部分物件性質）或觀察（直接記錄隨機現象的出象）的方式獲得一個樣本。

候選人在競選總部焦急等待各投票所的開票結果。

調查（survey）：滿足研究需求選取與度量部分物件性質的資料收集方式。

觀察（observation）：以數值或符號度量與紀錄隨機現象的出象或過程。

機率抽樣設計（Sampling design）：植基於機率理論選取某些標的物件的技術，以確保物件性質的度量值能夠構成一個隨機樣本。

樣本（sample）：一個或數個隨機試驗的觀察值，它是母體的一個子集合。

隨機樣本（random sample）：一組相同且獨立的隨機變數或它們的觀察值的集合。

除了調查（運用機率抽樣設計）外，自然現象的樣本必須經過隨機性檢定（test of randomness）以確保它是一組隨機序列。然後，我們才可以運用適合度檢定（test of goodness of fit）的技術，尋找最適合或最為可能產生這組觀值的集合的隨機變數的

理論機率函數。我們必須嚴謹的遵守統計推論程序主要的理由
是，直接根據樣本定義的經驗機率，不符科學精神。隨機性與適
合度檢定的方法與應用，敬請參閱適當機率統計書籍，本書的姊
妹作《統計原來這麼生活》（博雅，2011），當然是一個很好的
選項。

　　**隨機變數（random variable）：將隨機試驗的每一個出象
對映到一個數值的規則或函數。**

　　**機率函數（probability function）：定義隨機變數的機率行
為的數學函數。**

　　**理論（theoretic）機率函數：理論上或經過分配適合度檢
定，能夠模式化隨機現象的機率函數。**

　　一旦一個自然現象的觀察值的隨機行為能夠被一個理論隨機
變數模式化，這個隨機現象任何事件發生的機率，就可以藉由這
個隨機變數的機率分配函數直接計算（敬請參閱本書第五與第六
章）。

模式隨機現象的流程

　　本節我們彙整選擇傳統或經驗方式，計算簡單事件發生的機
率的時機：

　　**具有明確樣本空間的隨機試驗或方便以普查方式列出母體所
有可能觀察值，適合使用傳統機率定義簡單事件發生的機率。**

　　**明確樣本空間，依調查方式收集人造或人為系統的隨機現象
的隨機樣本，只能以經驗機率方式度量簡單事件發生的機會。**

　　假設樣本空間，如表示自然現象的不確定性或不可預測性發生的機會，只能依據直接觀察或離散化樣本空間等兩種方式收集樣本，再以經驗機率方式度量。

　　經驗機率只是一種粗糙的便宜行事，嚴謹的作法必須遵守統計推論步驟，尋找適合描述這個隨機現象的隨機變數的理論機率分配函數，再據以計算事件發生的機率。

　　下一頁的圖表彙整隨機現象、隨機試驗、樣本空間、普查、調查、觀察、母體、樣本、傳統與經驗機率的關聯，個人覺得這個階層圖能夠清楚辨識或建立，計算事件發生的機率的時機與背景知識。

機率公理與集合運算

　　底下的三個機率公理（不須經過證明的定義或陳述）構成機率理論的基礎建設：

　　非負數性（non-negativity）：任何隨機試驗的事件發生的機率介於0與1之間的實數。

　　正規性（normality）：所有可能簡單事件的集合也就是樣本空間，或必然發生的事件出現的機率等於1.0。

　　加法性（additivity）：兩個互斥事件（沒有包含共同元素）的集合，這個事件發生的機率等於原來的兩個事件個別發生的機率的加和。

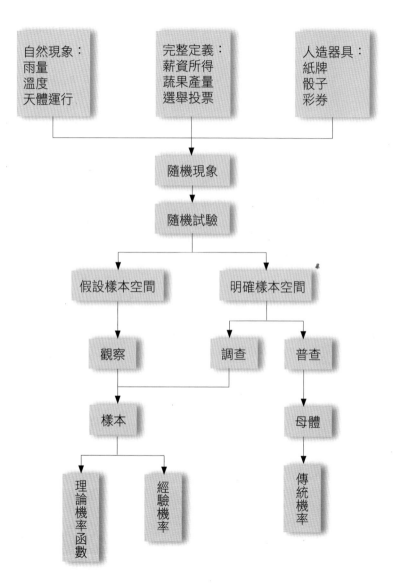

模式化隨機現象的流程

　　由於隨機試驗的樣本空間本來就是一些元素（簡單事件）的集合，所以熟悉集合符號與運算方便我們計算事件發生的機率。現在我們以英文字母S表示隨機試驗的樣本空間；E代表一個事件（關切的出象或出象的組合）；使用集合符號（$E_1 \cup E_2$），稱為事件E_1與事件E_2的聯集（兩事件之中所有不同元素的集合）；（$E_1 \cap E_2$）稱為事件E_1與事件E_2的交集（只有包含這兩事件之中所有相同元素的集合）；如果事件E_1與事件E_2沒有包含任何共同元素，則事件E_1與事件E_2為互斥事件（兩個事件的交集等於一個空集合）。如此事件E發生的機率Pr(E)以集合符號表示，機率公理可以改寫為：

非負數性：$0.0 <= p_r(E) <= 1.0$

正規性：$p_r(S) = 1.0$

加法規則：$p_r(E_1 \cup E_2) = p_r(E_1) + p_r(E_2)$

　　上述加法規則建立在事件E_1與事件E_2為互斥事件的假設，如果事件E_1與事件E_2並非互斥事件，那麼$p_r(E_1 \cup E_2) = p_r(E_1) + p_r(E_2) - p_r(E_1 \cap E_2)$。

　　有一個方便提供視覺效果，表示集合運算的圖形表示法，稱為文氏圖。底下我們使用數個文氏圖，以投擲一顆骰子的活動為例，彙整一些集合運算公式與應用。

　　文氏圖（Venn diagram）：以符號、小點或幾何圖形代表一個隨機試驗的簡單事件，並以一個幾何圖形圈圍含有的簡單事件以表示一個樣本空間或事件。

　　樣本空間S：如果一個隨機試驗共有k個不同簡單事件e_1、e_2

... e_k，以集合符號表示，S = {e_1、e_2 ... e_k}

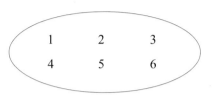

投擲一顆骰子點數的樣本空間S

簡單事件E：E = {e_j}，j等於1到k的任何一個整數

事件A：假設事件A包含n個不同的元素e_1、e_2 ... e_n，A = {e_1、e_2 ... e_n}

事件A的餘集（complement），符號記為A^c：樣本空間中去除A剩餘元素的集合，等於事件S - A

互斥事件（mutually exclusive）：兩個事件的交集等於一個空集合，如此兩個事件不會同時發生

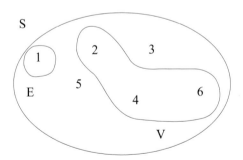

簡單事件E = {1}；事件E的餘集 = {2, 3, 4, 5, 6}，樣本空間去除E剩餘元素的事件；偶數事件V = {2, 4, 6}；E與V為互斥事件

事件A與事件B的聯集（union），符號記為A∪B：集合A與集合B所有不同元素的集合

事件A與事件B的交集（intersection），符號記為 A∩B 或 AB：集合A與集合B所有相同元素的集合

空集合（empty set）：沒有包含任何元素的集合

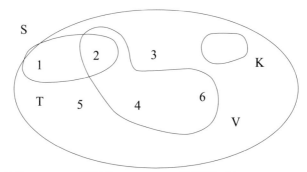

事件T = {1, 2} 與事件V = {2, 4, 6} 的聯集 T∪V= {1, 2, 4, 6}；
事件T與事件V的交集 T∩V = {2}；
空集合K，沒有包含任何元素

我們可以延伸兩事件的聯集到更多的事件的聯集，例如三個事件的聯集：$E_1 \cup E_2 \cup E_3 = E_1 + E_2 + E_3 - E_1 E_2 - E_1 E_3 - E_2 E_3 + E_1 E_2 E_3$，而k個事件的聯集：

$$E_1 \cup E_2 \cup ... \cup E_k = \Sigma E_i - \Sigma E_i E_j + ... + (-1)^{r+1} \Sigma E_i E_j...E_r + ... + (-1)^{k+1} E_i E_j...E_k$$

上式第一個Σ的加總範圍i從1至k，第二個Σ的加總範圍 i < j, i = 1至k，第三個Σ的加總範圍 i < j < ... < r, i = 1至k，這個公式稱為排容公式（inclusion-exclusion formula）。

傳統機率：公正的骰子

　　我們都知道一顆公正的骰子是一個正四方體共有六面正方形。假設丟擲一顆骰子的活動符合隨機試驗的假設，那麼這個隨機試驗的樣本空間，使用集合符號S = {1, 2, 3, 4, 5, 6}。這個樣本空間僅包括6個可能的簡單事件，也就是每一次試驗的觀察值一定是這6個點數的其中之一。這些所有可能的可數的有限的觀察值的集合，符合離散母體的定義。

　　離散母體（discrete population）：一個隨機試驗的出象紀錄只能發生在有限的或可數的數值點，這些所有可能數值的集合。

　　假設一個離散母體或對映的樣本空間總共包含k個簡單事件，且每一個簡單事件出現的機會都是相等相同（equally likely），那麼我們可以定義任何一個簡單事件E出現的機率：

$p_r(E) = 1/k$，同理事件F發生的傳統機率就被定義為：

$p_r(F) = n(F) / n(S)$

　　上式中的n(X)等於事件X包含發生機會都相等相同的簡單事件的個數，所以n(E)等於事件E包含的簡單事件的個數，n(S)等於樣本空間S包含的簡單事件的個數。以這個方式定義事件發生的機率的過程，稱為傳統方法（classical approach）。

　　傳統機率（traditional probability）：明確母體的隨機試驗，某簡單事件發生的機率等於對應至該事件的觀察值的數量與母體所有觀察值個數的商。

▶ 專家破除民間流傳將於某天某地區發生五級以上的地震的預測沒有科學根據。

　　根據傳統機率的定義，投擲一顆公正骰子的隨機試驗，可以獲得：

　　p_r（出現點數x的事件）＝ 1/6，x = 1, 2, ..., 6，

　　由於點數2與5事件互斥，所以

　　p_r（出現點數2或5的事件）＝ 2/6 = 1/3，利用集合加法規模
　　p_r（出現點數1、2或3的事件）＝ p_r（出現點數2、4或6的事件）＝ 3/6 = 1/2。

　　根據上述的說明我們可以彙整離散母體，所有簡單事件發生的機率都相等或已知的狀況下，計算某事件E發生的傳統機率的步驟為：

列出樣本空間所有的簡單事件

定義上述每一個簡單事件出現的機率

確定我們所關切的事件包括哪些簡單事件

事件E發生的機率等於這些簡單事件出現的機率的加總

上述步驟中的簡單事件E出現的機率的計算方式：假設一個試驗的母體包含n種不同的元素且各種元素數量都等於1，每一個簡單事件出現的機會都是等於1/n，因為這些簡單事件屬於相等相同的事件；如果試驗的離散母體包含的元素種類的數量並不相等，假設這個母體包含的元素總數為n，而與E相同種類的元素數量等於k，任何一個簡單事件E出現的機率等於k/n，請參考底下的例子。

從一個包含2顆紅球、3顆白球與5顆黑球的籃子中隨機抽取一顆球的隨機試驗，共有三個簡單事件，紅球事件，白球事件與黑球事件，它們出現的機率分別為：

p_r（紅球事件）= 2/10 = 1/5，p_r（白球事件）= 3/10，p_r（黑球事件）= 5/10 = 1/2

經驗機率：不能確定是否公正的骰子

如果事前我們不能確定使用的骰子是否公正，也就是我們不知道這顆骰子每一個點數（簡單事件）出現的機率是否相等。在這種情況下，上小節介紹離散母體的事件發生的機率的演算法就不會適用，因為我們沒有辦法定義每一個簡單事件的機率，當然

也沒有辦法定義與計算任何事件發生的機率。

在第一章我們曾說明機率與比率的異同，以集合理論來說，某事件發生的機率等於該事件包含的簡單事件與樣本空間的比率或商。雖然背景與投擲公正骰子的試驗不盡相同，我們還是需要假設投擲這顆不能確定是否公正的骰子的活動符合隨機試驗的三個假設：出象構成一個假設母體、事前不知道會出現哪一個、活動可以在相同條件下執行。然後，我們才可以計算簡單事件發生的機率，它等於在非常多次的隨機試驗之後，這個簡單事件出現的相對次數。

相對次數（relative frequency）：重複執行一項隨機試驗，某事件出現的次數與試驗總次數的商、比率或相對次數 = 該事件出現的次數 / 試驗總次數。

現在，讓我們執行30次投擲這顆骰子的活動，假設出現如下的點數序列：2, 3, 6, 3, 5, 6, 4, 3, 2, 1, 2, 5, 1, 3, 6, 6, 4, 3, 2, 5, 4, 3, 6, 1, 5, 4, 4, 3, 2, 1，它們的集合構成一個隨機樣本。

經過簡單的算術，我們獲得每一個點數（簡單事件）出現的相對次數依序為：4/30, 5/30, 7/30, 5/30, 4/30, 5/30。根據相對次數與事件發生的機率的關聯，我們獲得：

p_r（出現點數1的事件）= 4/30，p_r（出現點數2的事件）= 5/30，...

如果我們繼續投擲6次這顆骰子，它們的出象依次為：2, 5, 4, 2, 6, 1。那麼在總共36次的試驗中，每一個點數出現的相對次數將會變成：5/36, 7/36, 7/36, 6/36, 5/36, 6/36，我們很容易看到

每一個點數出現的機率也會跟著改變。

　　因此隨著試驗的次數的不同，事件發生的相對次數與機率也產生變異性。然而事件出現的機率理論上是一個常數，為了彌補或解決這個變異性，針對假設母體的隨機試驗，當試驗次數n趨近無限大時，數學家定義簡單事件E出現的機率等於它出現的次數x與總共試驗的次數n的商（相對次數）：

$$p_r(E) = x / n，當 n \to \infty$$

　　同理，事件A發生的機率等於A事件空間之內所有簡單事件發生的機率之總和，或當試驗次數趨近無限大時，事件A出現的相對次數。上述計算事件發生的機率的過程，稱為相對次數法（relative approach）。

　一群參與投擲骰子遊戲的人，懷疑骰子的公正性，為什麼莊家贏的機率那麼高？

　　這個定義理論上沒有問題，但是實際上做不到，因為沒有任

何人可以執行無限多次的隨機試驗並記錄所有觀察值！一個折衷的做法就是採用大數法則，然而多大的數目才叫做大數？統計推論的顯著水準（significance level，最大容許發生與基本假設產生矛盾的機率）可以給我們一個計算的方向，而一般應用且被大家接受的試驗次數n必須大於等於30。依此觀念計算事件發生的機率，就稱為經驗機率。

經驗機率（empirical probability）：根據假設母體，某事件發生的經驗機率等於多次試驗（觀察或調查），這個事件出現的相對次數。

由於無限只是一個抽象名詞，依據有限的隨機試驗次數計算一個事件發生的相對次數或機率，只是一個近似值，所以稱為經驗機率。現在我們已經擁有足夠的知識來定義事件E發生的經驗機率：

$$p_r(E) = x / n，$$

上式中的n代表一個隨機試驗重覆執行並記錄觀察值的總次數，x等於總觀察次數中出現事件E的小計。底下我們彙整一個假設母體的隨機試驗的簡單事件發生的機率的計算步驟：

執行多次隨機試驗，小計每一個簡單事件發生的次數。
計算每一個簡單事件出現的經驗機率，它等於發生的相對次數。
確定我們所關切的事件包括哪些簡單事件。
事件發生的機率等於內含簡單事件出現機率的加總。

老師，請問無限大到底有多大？

▶ 學生問老師，無限大到底有多大？

連續母體的隨機試驗

等候搭乘大眾運輸工具，對於大多數的人們來說可是一個例行性的活動。有時候人們追著剛要開走的公車，有時候等了半天還是見不到公車的影子。為了準時到達目的地，計算等車時間超過多少分鐘的機率或平均等候時間應該是大家關切的問題。

由於時間是一個抽象的連續性度量尺規，等車等了幾分鐘的出象可以出現在時間軸上的任何一個位置。所以這個試驗的觀察值構成一個連續母體，因為它包含無限多的元素。一個可行的觀察值記錄方式是，等車時間是否發生在某段數值時間區間之內，一種連續母體離散化的作法。如此等車活動的出象發生在某一時間區間之內，稱為一個事件，而發生在收集樣本之前預先定

義的時間區間之內的事件，就稱為一個簡單事件。類比離散母體的用語，事件是一個或數個簡單事件的集合，所有簡單事件的集合，構成一個樣本空間。這類問題的母體與簡單事件有一種無限多對一的對應關係，因為母體包含一段連續的可能是無限大的數值區間，而簡單事件則是預先定義互不重疊的時間區段的其中之一。

連續母體（continuous population）：一個隨機試驗的出象紀錄可能出現在一段數值區間內的任何一個位置，這段數值區間構成一個連續母體。

離散化母體（discretized population）：將連續母體分成數段數值區間，所有觀察值對應這些數值區間的編號或等級的集合。

直覺上，如同離散母體但不能確定簡單事件的機率的作法，連續母體離散化事件發生的機率等於這個事件發生的相對次數或比率，例如等車時間少於2分鐘的機率等於出現這個事件的次數與總共記錄次數的商。又如專家說921是百年一次的大地震，相當於任何一年發生同等規模的地震的機率等於1/100。不過這樣的定義機率還是不夠完整，還要加上符合隨機試驗的假設。

度量24小時或一天之間降下多少雨量，當然是一個連續母體的隨機試驗，因為記錄雨量多寡也是一個連續的尺規。不過底下的例子，不必自行決定離散化連續母體的簡單事件的區間，我們直接使用氣象局雨量預報的分級。每當颱風季節氣象局常常發出大雨、豪雨、大豪雨甚或超大豪雨的特報，提醒民眾及早進行避免家具或車輛泡水的準備工作。交通部中央氣象局在民國93年11

月25日修訂雨量分級，以毫米（mm）= 0.1公分為單位：

　　大雨（heavy rain）：日雨量 > 50mm且至少其中一個小時的累積雨量 > 15mm

　　豪雨（extremely heavy rain）：日雨量 > 130mm

　　大豪雨（torrential rain）：日雨量 > 200mm

　　超大豪雨（extremely torrential rain）：日雨量 > 350mm

　　如何收集雨量以及雨量分級的意義，不在本節討論的範圍。我們彙整氣象局網站的氣候統計，從西元2002至2010台北氣象站的逐日雨量資料彙整如下：

▶ 發生次數

西元年	大雨	豪雨	大豪雨	超大豪雨	小計
2002	5	0	0	0	5
2003	4	0	0	0	4
2004	10	2	1	0	13
2005	15	3	0	0	18
2006	6	1	0	0	7
2007	12	1	1	0	14
2008	10	1	2	0	13
2009	7	1	0	0	8
2010	6	1	0	0	7
小計	75	10	4	0	

很明顯的度量每天降下的雨量分級符合隨機試驗的假設，因為我們事先清楚觀察值的分級方式，度量活動之前不可預知雨量的層級，每天度量當然是一個可重複的試驗。根據上一個小節的說明，計算各種分級雨量事件發生的機率的步驟，在西元2002年至2010年總共的3287天中，我們獲得任何一天降下某一等級雨量的經驗機率：

p_r（大雨） = 75/3287 = 0.0228

p_r（豪雨） = 10/3287 = 0.0031

p_r（大豪雨） = 4/3287 = 0.0012

p_r（超大豪雨） = 0.0

p_r（大雨或更大雨量） = 89/3287 = 0.0271

p_r（沒有偵測出下雨跡象） = 1605/3287 = 0.4883

▶ 真煩，又是大豪雨預報。

雖然我們沒有計算氣象局針對台北氣象站涵蓋的區域在這9

年間發布多少大雨或更大雨量的特報次數，但是由於這些機率值
出奇的小，感覺上預報與實際發生的次數好像有些落差，總之怪
怪的。以這9年間任何一天出現大雨或更大雨量的機率 = 0.0271
來說，相當於平均1/0.0271 = 36.9天發生一次的事件；至於任何
一天出現大豪雨以上的機率只有0.0012，或大約820天才會出現
一次！

　　再以度量等待公車所需時間的活動來說，必須假設度量等車
時間是可重複的活動，度量之前不知道結果且必然落入一個數值
區間。這三項條件當然必要，可重複性才有出現某事件的相對次
數；事前不能確定結果才有度量機率的意義；而等車所需時間界
定在某些數值區間才能被觀測與記錄。同理，計算某地區發生某
地震強度或其他任何隨機現象某事件發生的機率，也必須假設這
些度量活動符合隨機試驗的假設。唯有如此，使用相對次數的方
法，計算事件發生的機率，才有理論基礎。

　　以等待公車時間的事件X為例，如果過去二十次等車紀錄經
過整理如下：

時間區間（分）	發生次數	相對次數
X <= 5	10	10/20 = 0.5
5 < X <= 10	6	6/20 = 0.3
10 < X <= 20	3	3/20 = 0.15
X > 20	1	1/20 = 0.05

　　根據上表，在這20個紀錄中，等車時間小於等於5分鐘的事
件出現了10次，或每兩次等車的活動就有一次等車時間少於等於

5分鐘的經驗。根據相對次數的觀念，等車時間小於等於5分鐘的事件發生的機率的一個粗劣估計值，等於其相對次數 = 0.5。

▶ 等車等太久，容易讓人不耐煩。

如果共50次等車的觀察記錄，少於等於五分鐘有20次的事件E_1，大於五分鐘但小於等於十分鐘有15次的事件E_2，大於十分鐘但小於等於二十分鐘有10次的事件E_3，與大於二十分鐘有5次的事件E_4，依據經驗機率的定義，這些事件發生的機率分別為：

$p_r(E_1) = 20/50 = 0.4$，
$p_r(E_2) = 15/50 = 0.3$，
$p_r(E_3) = 10/50 = 0.2$，與
$p_r(E_4) = 5/50 = 0.1$。

　　上述兩個例子等車時間小於等於5分鐘的事件的機率分別等於0.5與0.4，它們都只是真實機率的估計值。因為當觀察的次數不斷增加，沒有人能夠保證這些機率數值不會隨著改變。如同離散母體但不能確定簡單事件發生的機率的隨機試驗的例子，出現某事件的機率必須是一個常數。但是依據有限觀察值計算的相對次數，幾乎不可能等於事件發生的真實機率。所以依據連續母體的隨機試驗（觀察）的樣本，計算事件發生的機率只能使用經驗機率獲得一個近似值，如同由明確母體抽取（調查）一個隨機樣本的程序。

　　底下我們彙整連續母體離散化的隨機試驗，計算事件發生的機率的步驟：

　　將母體數值區間預先分組，所有不相互重疊的區間的編號或等級組合成為一個假設樣本空間

　　小計所有試驗觀察值落入每一個簡單事件（等級）的次數

　　簡單事件發生的機率等於觀察值落入該等級的相對次數

　　事件出現的機率，等於它所包含的簡單事件發生的機率的加總

M型社會？

　　自從大前研一操弄座標凸顯家戶所得數據呈現所謂M型分配以來，科技、社會、政治或經濟新聞大肆誤用這個名詞。我國家戶所得真的符合M型分配嗎？正確使用等距分組所得由少到多，我們可以獲得由左快速陡昇然後往右緩降的圖形，它當然不是一個M型分配。

　　在未能獲得全體資料或取得不易時，專業期刊或人力資源仲介公司大多以五個數值：最少值、第一四分位數、中位數（第二四分位數）、第三四分位數與最大值彙整調查資料。文中第k四分位數Q，表示小於等於Q的機率大於等於0.25k，且大於等於Q的機率大於等於（ 1 – 0.25k）。如果薪資所得屬於個人隱私，上述的五數彙整提供我們判斷是否賺取合理報酬的標準。

　　哇！老闆對我還真不賴。

第三章
計數事件與樣本空間

　　如果一個隨機試驗的事件與樣本包含的簡單事件的個數，依據第二章的方法就得以計數，那麼機率的計算只不過是簡單的算數運算而已。

　　本章我們介紹計數事件與樣本空間包含多少簡單事件的技術：文氏圖、排列組合、數狀圖、模擬方法與回溯法。

▶ 女子以丟擲銅板來決定搭配套裝的鞋子。

文氏圖

投擲兩顆骰子的隨機試驗

　　底下我們以投擲兩顆公正骰子的隨機試驗，說明應用文氏圖表示事件與樣本空間進而計算事件發生的機率。如果將要計算(1)兩顆骰子都是偶數點數(2)至少有一顆骰子是奇數點數(3)兩顆骰子都是偶數點數或兩顆骰子的點數都相同等三個事件發生的機率，我們可以定義這個試驗的樣本空間，包含36個出現機率相等的簡單事件，以及點數合的樣本空間（如底下的文氏圖）。

$$\{(1, 1), (1, 2), (1, 3), (1, 4), (1, 5), (1, 6),$$
$$(2, 1), (2, 2), (2, 3), (2, 4), (2, 5), (2, 6),$$
$$(3, 1), (3, 2), (3, 3), (3, 4), (3, 5), (3, 6),$$
$$(4, 1), (4, 2), (4, 3), (4, 4), (4, 5), (4, 6),$$
$$(5, 1), (5, 2), (5, 3), (5, 4), (5, 5), (5, 6),$$
$$(6, 1), (6, 2), (6, 3), (6, 4), (6, 5), (6, 6)\}$$

如此，依據加法規則與相等機率的簡單事件：
(1) p_r（兩顆骰子都是偶數點數）
　　＝9個互斥的簡單事件發生的機率加總＝9/36
依據正規性與剩餘集合的運算：
(2) p_r（至少有一顆骰子的點數是奇數）
　　＝1－p_r（兩顆骰子都是偶數點數）＝1－9/36＝27/36
依據兩個非互斥事件的加法規則：

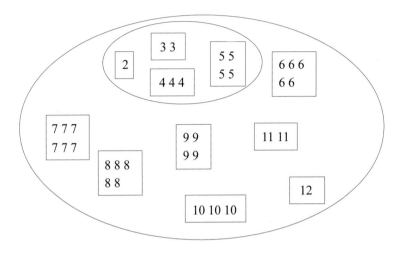

圖中的數字代表母體性質或簡單事件的的種類與數量,外圍圓形表示
這個試驗的樣本空間,圈圍點數2至5的簡單事件的封閉線條構成兩顆
骰子的點數和小於等於5的事件。

(3) p_r(兩顆骰子都是偶數點數 或 兩顆骰子的點數都相同)

= pr(兩顆骰子都是偶數點數)+ pr(兩顆骰子的點數都
相同)

– pr(兩顆骰子都是偶數點數且兩顆骰子的點數都相
同)

= 9/36 + 6/36 -3/36 = 12/36 = 1/3

假設我們目前關切的只是兩顆骰子的點數和的問題,例如計
算(1)兩顆骰子的點數和小於等於5(2)兩顆骰子的點數和大於等於
6(3)兩顆骰子的點數和小於3或大於10等事件的機率,那麼比較
適用的樣本空間變成包含11個機率不相等的簡單事件:

{2, 3, 4, 5, 6, 7, 8, 9, 10, 11, 12}，它們各自發生的次數依次為：

1, 2, 3, 4, 5, 6, 5, 4, 3, 2, 1

如此，依據加法規則與互斥事件的定義或文氏圖：

(1) p_r（兩顆骰子的點數和小於等於5）

= pr（點數和 = 2）+ pr（點數和 = 3）+ pr（點數和 = 4）

+ pr（點數和 = 5）

= 1/36 + 2/36 + 3/36 + 4/36 = 10/36

依據正規性與剩餘集合的運算：

(2) p_r（兩顆骰子的點數和大於等於6）

= 1 － pr（兩顆骰子的點數和小於等於5）= 1 － 10/36 = 26/36

依據加法規則與互斥事件的定義：

(3) pr（兩顆骰子的點數和小於3 或 大於10）

= pr（兩顆骰子的點數和小於3）+ pr（兩顆骰子的點數和大於10）

= 1/36 + 2/36 + 1/36 = 4/36

選民投票行為的樣本空間

民主制度的選舉活動頻繁，當然也是我們日常生活上的話題。如果某次選舉共有三位候選人，A, B, 與C, 那麼選區中任何一位選民投票行為（隨機試驗）的樣本空間S = {A, B, C, R}，R代表廢票。如果我們考慮兩位選民投票的隨機試驗，它的樣本空

間就包含$4^2 = 16$個簡單事件，S = {AA, AB, AC, AR, BA, BB, BC, BR, CA, CB, CC, CR, RA, RB, RC, RR}，如底下文氏圖的矩形。又兩位選民中至少有一位投出廢票的事件E包含7個簡單事件，E = {AR, BR, CR, RA, RB, RC, RR}，如底下樣本空間矩形內斜線的右半邊。如果已知該選區的選民投票行為分別為$p_r(A) = 0.3$, $p_r(B) = 0.4$, $p_r(C) = 0.2$, 與$p_r(R) = 0.1$,

$$p_r(E) = 0.3 \times 0.1 + 0.4 \times 0.1 + 0.2 \times 0.1 + 0.1 \times 0.3 + 0.1 \times 0.4 + 0.1 \times 0.2 + 0.1 \times 0.1 = 0.19$$

當樣本空間包含不是太多的元素，使用文氏圖沒有太多問題，但是如果我們考慮n位選民的樣本空間，它包含4^n個元素，這個方法就派不上用場了。

排列組合

拱豬紙牌遊戲的名次

四個旗鼓相當的朋友小毛（M），老昌（T），仁仔（Z）與阿聰（C）相約拱豬的紙牌遊戲，如何計算小毛積分第一的機率？老昌第一而仁仔第二的機率？阿聰殿後的機率？

根據計算事件發生的機率的第一步驟，構成這個隨機試驗的樣本空間或遊戲結果的排序的集合：

{(M, T, Z, C), (M, T, C, Z), (M, Z, T, C) , (M, Z, C, T), (M, C, T, Z), (M, C, Z, T), (T, M, Z, C), (T, M, C, Z), (T, Z, M, C), (T, Z, C, M), (T, C, M, Z), (T, C, Z, M), (Z, T, M, C), (Z, T, C, M), (Z, M, T, C), (Z, M, C, T), (Z, C, T, M), (Z, C, M, T), (C, T, Z, M), (C, T, M, Z), (C, Z, T, M), (C, Z, M, T), (C, M, T, Z), (C, M, Z, T)}

已知他們的玩牌能力相當，輸贏只是運氣問題，所以24個元素的樣本空間裡的每一個簡單事件發生的機率相等，等於1/24。

小毛積分第一的簡單事件共有六個，p_r（小毛積分第一）= 6/24 = 1/4。計算這項機率還有更簡單的辦法，我們可以利用排列規則輕易的計算它的元素空間與事件空間。

排列規則：從n個不同物件任意選取r個物件總共的排列方式等於

$n! / (n - r)!$，或P(n, r)。

上式中的！為階乘（factorial）的符號，例如k! = (k)(k − 1)(k − 2) ... (2) (1)，也就是從1到k每個整數的乘積。如此，

p_r（小毛積分第一）＝ 3!/4! = 1/4，

p_r（老昌第一而仁仔第二）＝ 2!/4! = 1/12，

p_r（阿聰殿後）＝ 3!/4! = 1/4。

▶ 四個旗鼓相當的朋友相約拱豬的紙牌遊戲，要怎麼算出某人獲得最高積分的機率？

組織大樓住戶停車管理委員會

每一棟大樓為了維護大家的權益，住戶們紛紛組成種種管理委員會。如果一棟大樓共有12層樓，每層各有8戶，為了大廈日益嚴重的停車糾紛，住戶們同意另外組成一個5人的委員會共同處理這項事務，但由於大部分的住戶都是上班族，沒有人志願加入，最後折衷的辦法是以抽籤的方式組成停車事務委員會。

　　組成這個委會總共有多少種不同的方式？回答這個問題類似於計數抽籤活動的樣本空間，一一列出每一個簡單事件實在太繁瑣了，簡單的方式是利用組合規則。

　　組合規則：從n個物件任意選取r個物件總共的組合方式等於

$C(n, r) = n! / ((r!)(n - r)!)$，!相同於與排列規則的階乘符號。

　　例中的大樓住戶總共有$12 \times 8 = 96$，所以組成5人的委員會處理停車事務的方式有$C(96, 5)$不同的組合。經過運算，

　　$C(96, 5) = 96! / (91! \times 5!) = 61,124,064$，

　　真嚇人，好大的數字。如果我們想要進一步計算，組成委員會的5位代表剛好同住在一層樓的機率，我們就必須計數這個事件包含的簡單事件。首先我們再次利用組合規則計算這5位委員同住在某特定一層樓的事件空間，

　　$C(8, 5) = 8! / (5! \times 3!) = C(8, 3) = 56$。

　　總共12層的大樓，組成委員會的5為代表剛好同住在一層樓總共有$12 \times 56 = 672$個簡單事件，所以

　　p_r（組成委員會的5為代表剛好同住在一層樓）$= 672 / 61124064 = 0.000011$，

　　好小的數值，幾乎不可能發生。

 大樓住戶討論組成一個5人的委員會處理停車事務。

樂透5/39中獎機率

　　組合規則的應用很廣，譬如台灣彩券施行的樂透5/39，也就是在39個依序編號的彩球以機械方式搖出5顆彩球，這5顆彩球編號的組合便是對獎依據。如果顧客手中的彩券的5個數字，完全吻合搖出的5顆彩球號碼，就獲得頭獎；對中4碼，二獎；三碼，三獎；二碼，四獎。由於顧客手中彩券每組的5個數字，都是由小到大的排序，無關5顆彩球號碼的搖出次序，因此搖出5顆彩球的隨機試驗總共的簡單事件等於從39個不同物件中隨意取出5個物件的組合：

C(39, 5) = 69090840 / 120 = 575757。

同此，樂透5/39產生各種事件的機率：

p_r（頭獎）= 1 /575757

p_r（二獎）= C(5, 4)×C(34, 1) / 575757 = 170 / 575757

p_r（三獎）= C(5, 3)×C(34, 2) / 575757 = 5610 / 575757

p_r（四獎）= C(5, 2)×C(34, 3) / 575757 = 59840/ 575757

p_r（對中一個數字）= C(5, 1)×C(34, 4) / 575757 = 231880 / 575757

p_r（沒有對中任何數字）= C(34, 5) / 575757 = 278256 / 575757

▶ 彩券迷拼命算牌，希望能中得頭獎。

商業午餐菜色的隨機組合

　　看到餐廳菜單花俏命名的目錄，有時候讓人眼花撩亂，不知道如何點餐。某餐廳顧及顧客點餐的麻煩與方便準備食材，提供湯品、主菜、飲料與甜點等四道菜色的商業午餐。假設湯品有海鮮與洋蔥，主菜有牛、羊、豬、雞與魚等五種，飲料只有咖啡與茶，甜點包括布丁與水果，顧客可以自由從各別菜色選擇其中的一種。如果顧客在各種菜色中任選一種，總共有幾種不同選擇方式？這種階段性的多重選擇的隨機試驗，計算樣本空間的總數，簡單的方式就是應用乘法規則。

　　乘法規則（multiplication rule）：假設一個隨機試驗包含k個階段，如果第一個階段包括n_1種選擇方式，又在每個第一個階段的選擇下的第二個階段都包括n_2種選擇方式，依此進行到第k個階段，這個試驗共有$n_1 \times n_2 \times ... \times n_k$個簡單事件。

　　回到顧客點餐的場景，應用組合與乘法規則，隨機點餐（湯品、主菜、飲料與甜點）總共的不同選擇方式等於$C(2,1) \times C(5, 1) \times C(2,1) \times C(2, 1) = 40$。假如每一階段的試驗的簡單事件的出線機會並非都是相等，又假設

　　p_r（海鮮）$= 2p_r$（洋蔥）；$2p_r$（牛）$= 3p_r$（羊）$= 2p_r$（豬）$= p_r$（雞）$= p_r$（魚）；

　　$2p_r$（咖啡）$= p_r$（茶）；$2p_r$（布丁）$= p_r$（水果），經過簡單運算，

　　p_r（海鮮，魚，茶，水果）$= (2/3) (3/10) (1/3) (1/3) = 1/15$

▶ 好友相聚，七嘴八舌的討論著該怎麼搭配餐點。

樹狀圖

哇，一桿進洞！

　　打高爾夫球的人，聽到某人一桿進洞的消息無不興奮不已，因為一般認為它的機率小於六千分之一。這個機會只有在那些球洞與發球區距離較短時，也就是說在一次揮桿能夠打擊出去的距離之內才有可能。通常一場18洞的球敘中只有4個短洞，就算一年打50場，那麼大約30年才會出現一次。所以大部分的球友打了一輩子，也沒有發生過一次一桿進洞。

　　一個高爾夫球洞通常包含三個主要區域，發球區，果嶺以及連接這兩區的球道，另有一些障礙區，例如出界、水塘、沙坑、長草等。果嶺是一片包含一個球洞，經過特別修剪草皮的區域，使得球友能夠使用垂直角度桿面的推桿，將小白球送入球

洞。以短洞來說，業餘球友期望第一桿就能將小白球由發球區送至果嶺，然後兩次推球送球入洞。這種理想狀態下，三次揮擊或推球使球入球洞的成績稱為平標準桿。18洞的球敘通常還包括10個標準桿4與4個標準桿5的中長距離的球洞。這14個中長距離的球洞的發球目標是將小白球送到較容易進行下一次打擊的球道上（F），不幸的是停在長草區（R）或落入沙坑（S），更不幸的是落入水池（P）或出界（O），底下以一個樹狀圖表示發球這個隨機試驗的各種事件：

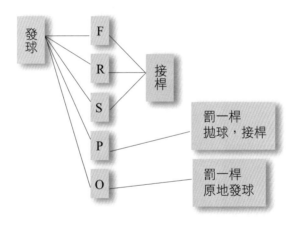

樹狀圖（tree diagram）：在多階段的試驗中，以分支表示第一階段的所有可能的觀察值，在每一個觀察值之下再以分支表示第二階段的所有可能的觀察值，依此程序表示所有試驗過程中所有觀察值的序列關係的階層圖

一般業餘球友的能力，標準桿5的第二次接桿、標準桿4的接桿與短洞發球的落點有下列五種出象，直接入洞（H）、果嶺

（G）、果嶺附近（E）、沙坑（S）水池（P）與出界（O）。
處理E、S與P的方式幾乎相同只是成功的機率不盡相同；落入水
塘必須加罰一桿，並在指定區域或落水處後方拋球再接桿；它們
可能的落點：H、G、E或S；出界時除了加罰一桿還必須在原地
發球；果嶺上的推桿可能發生：H、G、E或S等事件；如此一直
進行直到H。下方的樹狀圖表示一般標準桿3的短洞，一桿進洞
與多出兩桿之間各種成績的組合方式。

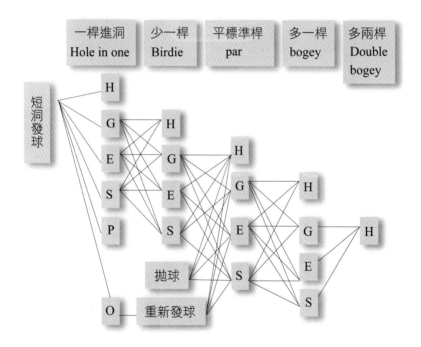

除了標準桿3的短洞的一桿進洞外，少於標準桿兩桿的成績
稱為老鷹（eagle）。根據以上兩個樹狀圖，加上每支球桿擊球
距離與落點機率的估計值，球友們只要有時間有耐心應該能夠估

計自己在任何一場球敘中達成某目標成績的機率，敬請參考本章最後一節的演算過程。

隨意搭配上衣與褲子

有一位學生他有四條褲子，黑色（B）與灰色（G）各一，兩條卡其（K1, K2）；七件上衣，淺色（L1, L2)與暗色（D1, D2)各二件以及三件亮麗的花色（C1, C2, C3)。他衣著的癖好有些特色：黑或灰色褲子不搭配暗色上衣，卡其褲則不搭配淺色上衣。直接列出他上衣與褲子隨意搭配的元素空間有點麻煩，但是使用下面的樹狀圖就可以輕鬆的完成。

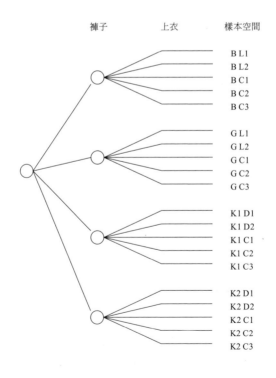

從這個樹狀圖，我們很容易計算這位學生任意搭配衣褲的各種組合的機率，例如，

p_r（卡其褲且亮麗上衣）= 6/20 = 3/10

p_r（卡其褲或亮麗上衣）= p_r（卡其褲）+ p_r（亮麗上衣）－ p_r（卡其褲且亮麗上衣）

= (1/2) + (3/5) － (3/10) = 11/10 － 3/10 = 8/10 = 4/5

▶ 該出門了，如何搭配衣服、鞋子、皮包…

選中車子或山羊？

1970年代美國出現一個猜大獎的電視節目，只有一位經過幾次競賽積分最高的優勝者贏得猜大獎的機會。只見節目主持人指著背後的三道門，說明其中一道門後面有大獎，例如一部車子；另外兩道門背後則是不成比率但相同的小獎，例如一頭羊，然後告知那位優勝者選擇其中的一道門以取得背後的獎

項。由於不管優勝者選擇哪一道門，剩下兩道門的背後至少有一個是小獎，於是主持人將沒被選中而且背後只是小獎的一道門打開，然後詢問優勝者是否堅持或改變當初的選擇。堅持或改變選擇，哪一種獲得大獎的機率較高？

幾十年來這個問題稱為Monty Hall Problem（以節目主持人命名），引起非常廣泛的討論，許多學者專家撰文說明堅持或改變選擇獲得大獎的機率都相等，但更多學者專家不斷使用不同方法譬如樹狀圖或條件機率（敬請參考本書第四章）等證明改變選擇獲得大獎的機率較高，那一方的推論比較正確？假設優勝者最初選擇第一道門，底下我們繪製分析這個問題的樹狀圖：

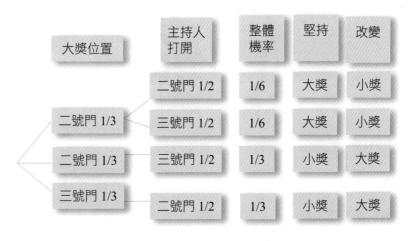

根據這個樹狀結構圖，我們很容易看得出來，如果優勝者選擇堅持原來的選擇（一號門），他獲大獎的機率等於1/3；在主持人打開一道門之後，如果改變當初的選擇，他獲得大獎的機率，將從1/3提升到2/3。如果優勝者最初的選擇為二號門或三號門，敬請讀者幫他繪製一個樹狀圖，證明改變選擇獲得大獎的機

會都是等於2/3。

▶ 該不該堅持當初的選擇？

模擬方法

最近樂透常常出現連號，奇怪嗎？

　　小韓連續數次以自行選號的方式購買彩券，也曾對中小獎，但是從未對中過大獎。沒有對中大獎本來就沒有什麼好奇怪的，因為中大獎的機率真的很低。基於彩券中獎數字採用機械式搖出的認知，小韓認為出現連號的機率很小，所以都是自行選取沒有連號的數字組合。隨著購買次數的增加，她發現怎麼那麼巧，中獎數字的組合常常出現連號！

　　如果我們有興趣計算彩券中獎數字的組合出現連號的機率，如何著手？我們已經知道如何計算某事件出現的機率，如果一個隨機試驗的每一個簡單事件出現的機會都相等，那麼這個事

件出現的機率，不過就是事件空間包含的簡單事件的數目與樣本空間包含的簡單事件的數目的比率。

上述方法的可行性，建立在我們可以在可理解的複雜度與合理的時間之內計算事件空間與樣本空間的數目。以彩券中獎數字組合的問題，計數樣本空間的過程並不複雜，但是出現連號這個事件空間可沒有那麼容易取得。在這種情況下，模擬（simulation）方法提供一個解決的辦法。底下我們借用一副普通的紙牌當道具，說明如何利用模擬方法估計台灣彩券5/39中獎數字的組合出現連號的機率。

模擬（simulation）：依研究目的、資源限制與假設條件等、利用道具或數學函數建立一個系統的代表物，稱為模式（model），再藉它模仿與了解真實世界的隨機行為的技術

在進行模擬之前我們必須準備道具，方便的選擇就是一副普通的紙牌包含四種花色，黑桃、紅心、磚塊與梅花，每種花色各有13張依次代表點數1至13，每張紙牌都是一個花色與一個點數的組合。表示台灣彩券5/39的39個數字，我們可以從一副紙牌隨機選取其中的39張，然後依次編號並標記。這個方法有點麻煩，比較簡易的方式是選取其中任何三種花色的所有紙牌，因為選取的結果剛好等於39張。同花色是否連號一目了然，不同花色構成連號的情形也只有黑桃13（或K）與紅心1（或A）以及紅心13（或K）與梅花1（或A）等兩種組合，假如我們選出的三種花色編碼次序為黑桃、紅心與梅花。現在我們可以開始模擬的活動：

步驟1

決定總共模擬次數N

設定計數已經完成模擬的次數K等於0

設定計數出現連號的次數X等於0

步驟2

將手中的39張紙牌充分洗牌以構成隨機排列，依序翻出5張紙牌

假設隨機試驗的結果出現連號，將出現連號的次數X加1

將計數完成模擬的次數K加1

步驟3

如果K 還是小於N，重複步驟2，否則

出現連號機率的估計值等於 X/N

以上估計出現連號的機率的過程，比較正式的文詞為演算法，不複雜又容易執行。真好，但是估計值只是一個真實機率的近似值，不過隨著執行模擬的次數的增加，這個近似值就會更趨近真實的事件機率。如何決定執行模擬的次數呢？根據統計推論的理論，當N等於1000次左右，事件出現的比率的估計值的正負兩個標準差（standard deviation）之間，包含真實比率的機率達到95%。標準差是一種敘述隨機變數的觀察值分散狀態的參數。對於大部分的應用，當沒有付出大量的時間或繁複的計算過程，我們應該滿足95%可信賴度的結果了吧！

隨機配對共乘機車去郊遊

為了化解初次見面的尷尬，共乘機車出遊的男女學生採用隨

機配對的方式是一個常見的情景。只見活動主辦同學收集並編號機車騎士的鑰匙，然後非騎士一一從袋子中隨機選取一把鑰匙，決定搭乘的機車編號。為了增加樂趣，回程時他們再次使用隨機方式進行配對。如何計算回程時沒有出現任何去程的配對的機率？

　　如果參與活動人數不多，我們大可將隨機過程的有限母體，也就是隨機試驗的樣本空間一一列出，問題就解決了。但是這個樣本空間包含n!樣本，它可是一個大數目就算n不是一個很大的數字。另外，數學底子較深者也可以利用回溯法或集合運算獲得真正的答案，不過畢竟不是一般人可以勝任。底下我們說明使用模擬方法的過程：

　　選取一付普通紙牌其中一種花色，依序編號1, 2, ..., x，代表搭乘者原先的機車編號，x代表搭乘者數目（假設x小於等於13）

　　將這x張紙牌充分混合，然後依次由左到右排列

　　檢視這組排列，如果出現任何一張紙牌點數與排列位置一致，記為1，否則記為0

　　重複上兩步驟n次（至少30），沒有出現任何去程的配對的機率的近似值等於試驗中出現0的次數小計與總共試驗的次數n的商。

　　請有興趣的讀者進行模擬，當試驗次數增加時，近似值應該會接近底下的真實機率（如稍後的解法）

p_r（x對騎士與搭乘者沒有出現任何相同去程的配對）＝
$1/2! - 1/3! + 1/4! +... +(-1) x / x!$

選中車子或山羊？

　　我們當然可以利用模擬方法解答之前說明的猜中大獎的問題，首先我們從一副紙牌隨意取出3張牌，其中一張代表車子，例如紅心A，另外兩張代表山羊，例如黑桃10與梅花10。然後模仿真實遊戲的場景，執行下述演算法：

　　將這三張牌隨意分派，指定其中一張牌代表優勝者選擇的門號

　　檢視剩下的兩張牌，翻開其中一張必定是10的點數（代表主持人打開的門號）

　　如果剩下的那張牌正是紅心A，

　　代表優勝者因為改變當初的選擇而獲得車子

　　否則代表優勝者沒有改變當初的選擇而喪失贏得車子的機會

　　根據大數法則，也就是經驗機率的觀念，如果我們重複這個演算過程非常多次，我們可以計算改變與沒有改變當初的選擇而獲得車子的近似機率。

回溯法

不會經過某一個十字路口的機率

　　假設某人在一個城市區塊（如下的示意圖），由出發點A往目的地B行進，當然她遵行不走冤枉路的原則所以過程中只能往上或往右，但在每一個路口她可以任意且相等機率選擇進行的

方向，如何計算她不會經過圖中小圓形標記的路口（標記為事件 E）的機率？

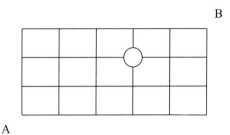

🔽 四條橫路與六條縱向街道圍成的城市區塊街道示意圖

　　我們很容易辨識這是一個有限樣本空間的問題，因為街道數量固定。要是能夠列出所有的簡單事件，我們可以利用樹狀圖等方法求得解答，不過執行過程未免太繁瑣了。底下我們介紹使用回溯演算法（recursive algorithm）計算樣本空間與事件空間包含簡單事件的數目。

　　首先從A往右的每條縱向街道我們依次標示為a1, a2, a3, a4, a5與a6；由B往下標示每條橫向街道為b4, b3, b2與b1。如此，小圓形的位置可以記為（a4, b3）的十字路口。

　　如果仔細觀察這個街道圖，從A = (a1, b1)到B = (a6, b4)的每一條可行的路徑包含3段垂直與5段水平的街道，總共的可能路徑數目標記為R(3, 5)。同理由（a2, b1）到（a6, b4）與（a1, b2）到（a6, b4）的所有可能路徑可以分別標示為R(3, 4)與R(2, 5)。又假設由路徑（a1, b1）到（a2, b1）與由路徑（a1, b1）到（a1, b2）都是隨意且機會相等的選擇，所以只要能夠計算R(3, 4)與

R(2, 5)，我們就可以計算R(3, 5)，因為

R(3, 5) = R(3, 4) + R(2, 5)，同理，我們可以建立一個通式

R(m, n) = R(m, n − 1) + R(m − 1, n)，或

R(3, 4) = R(3, 3) + R(2, 4)，R(3, 3) = R(3, 2 + R(2, 3)，

R(3, 2) = R(3, 1) + R(2, 2)，R(2, 5) = R(2, 4) + R(1, 5)，

R(2, 4) = R(2, 3) + R(1, 4)，R(2, 3) = R(2, 2) + R(1, 3)，

R(2, 2) = R(2, 1) + R(1, 2)

經過觀察R(1, 1) = R(1, 0) + R(0, 1)，也就是從一個左右上下各兩條街道圍成的最小方型區域的一角至對角總共只有兩條不同的可能路徑。加以簡單的推理

R(k, 1) = R(1, k) = k + 1條不同可能的路徑。如此

R(2, 2) = R(2, 1) + R(1, 2) = 3 + 3 = 6, R(2, 3) = 6 + 4 = 10，

R(2, 4) = 10 + 5 = 15，R(2, 5) = 15 + 6 = 21，R(3, 1) = 4，

R(3, 2) = 4 + 6 = 10, R(3, 3) = 10 + 10 = 20，

R(3, 4) = 20 + 15 = 35，R(3, 5) = 35 + 21 = 56

上述這種將一個問題依序分解為相同但規模較小的問題，繼續分解到容易解答為止，然後再往回依次解答規模較大的問題的做法稱為回溯演算法。

接下來，應用回溯演算法，由A到小圓形標記的路口總共的不同路徑的數目，R(2, 3) = 10，由小圓形標記的路口到B總共的不同路徑的數目，R(2, 1) = 3。因為A到小圓形標記的路口任何

路徑選擇並不會影響由小圓形標記的路口到B的路徑，因此她必定經過圖中小圓形標記的路口的事件空間總共有10×3=30條不同的路徑，如此事件E包含的簡單事件數量 = 56 − 30 = 26，所以

$$p_r（事件E）= 26/56 = 0.4643$$

計算平標準桿的機率

　　高爾夫球場的每一球道由於距離，障礙、地形甚或天氣的變化，相同標準桿的球洞之間達成目標的困難度也各個不相同，對於平均每月挑戰一次的業餘球員，更是不容易打出平標準桿的成績。雖然不能常常上球場但是球友們大都會找機會到練習場揮揮桿，一方面鍛鍊身體一方面評估自己的實力。一套球桿一般包含11至14支桿子，以擊出好球的機率或技術分類，大致有開球（D），球道木與長中鐵桿（R），短鐵與劈起桿（W），沙坑（S）與推桿（P）等5種。以標準桿3的球洞為例，只要能夠估計R、W、S與P的落點的機率，就能夠計算一桿進洞，低於標準一桿，平標準桿，超過標準一桿，超過標準二桿等或更慘的成績的機率。

　　如此將一個問題階層式的分割成為較小問題的技術稱為由上而下（top down）的方法。如果能夠結合回溯演算法，標準桿4與標準桿5的各種成績也能順利計算，因為標準桿5是D與標準桿4的成績組合，而標準桿4是D與標準桿3的成績組合。我們以底下的樹狀圖表示揮桿落點與接桿的組合：

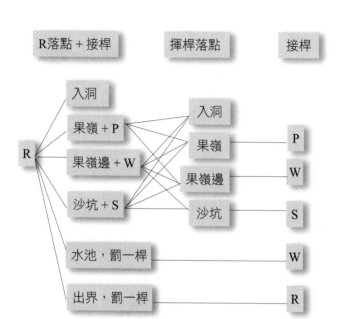

如果，某位球友使用球道木或長中鐵桿（R），擊球的不同落點的機率：

p_r（R，入洞）= 1/6000（可以忽略），

p_r（R，果嶺）= 2/10，

p_r（R，果嶺邊）= 6/10，

p_r（R，沙坑）= 1/10，

p_r（R，水池）= 1/20，

p_r（R，出界）= 1/20。

使用推桿（P），擊球的不同出象的機率：

p_r（P，入洞）= 4/10，

p_r（P，果嶺）= 6/10。

使用短或劈起桿（W），擊球的不同出象的機率：

p_r（W，入洞）= 1/20，

p_r（W，果嶺）= 8/10，

p_r（W，果嶺邊）= 1/10，

p_r（W，沙坑）= 1/20。

使用沙坑桿（S），擊球的不同出象的機率：

p_r（S，入洞）= 1/100，

p_r（S，果嶺）= 29/100，

p_r（S，果嶺邊）= 6/10，

p_r（S，沙坑）= 1/10。

如此，在標準桿3的球洞，這位球友一桿進洞的機率：

p_r（一桿入洞）= 1/6000，

p_r（二桿入洞）= p_r（R，果嶺）× p_r（P，入洞）+

p_r（R，果嶺邊）× p_r（W，入洞）+ p_r（R，沙坑）× p_r（S，入洞）

= 2/10 × 4/10 + 6/10 × 1/20 + 1/10 × 1/100

= (80 + 30 + 1) / 1000 = 111 / 1000 = 0.111，

p_r（三桿入洞）＝ p_r（R，果嶺）× p_r（P，二桿入洞）＋

p_r（R，果嶺邊）× p_r（W，二桿入洞）＋ p_r（R，沙坑）× p_r（S，二桿入洞）＋ p_r（R，水池）× p_r（W，入洞）＋ p_r（R，出界）× p_r（R，入洞），

在上列的計算式：

p_r（P，二桿入洞）＝ p_r（P，果嶺）× p_r（P，入洞）＝ 6/10 ×4/10 ＝ 24/100，

p_r（W，二桿入洞）＝ p_r（W，果嶺邊）× p_r（W，入洞）＋ p_r（W，果嶺）× p_r（P，入洞）＋ p_r（W，沙坑）× p_r（S，入洞）

＝ 1/10×1/20 ＋ 8/10×4/10 ＋ 1/20×1/100

＝ 1/200 ＋ 32/100 ＋ 1/2000 ＝ 0.3255，

p_r（S，二桿入洞）＝ p_r（S，果嶺）× p_r（P，入洞）＋ p_r（S，果嶺邊）× p_r（W，入洞）＋ p_r（S，沙坑）× p_r（S，入洞）

＝ 29/100×4/10 ＋ 6/10×1/20 ＋ 1/10×1/100

＝ 116/1000 ＋ 3/100 ＋1/1000 ＝ 0.147，

p_r（三桿入洞）＝ p_r（R，果嶺）× p_r（P，二桿入洞）＋

p_r（R，果嶺邊）× p_r（W，二桿入洞）＋

p_r（R，沙坑）× p_r（S，二桿入洞）＋

p_r（R，水池）× p_r（W，入洞）＋

p_r（R，出界）× p_r（R，入洞）

＝ 2/10×24/100 ＋ 6/10×0.3255 ＋ 1/10×0.147 ＋ 1/20×1/20 ＋

$$1/20 \times 1/6000$$
$$= 0.048 + 0.1953 + 0.0147 + 0.0025$$
$$= 0.2605 \text{。}$$

根據自我估計在任何標準桿3的球洞，這位球友達成平標準桿或更佳的機率：

$$p_r（少於等於三桿入洞）= p_r（一桿入洞）+ p_r（R，二桿入洞）+ p_r（三桿入洞）= 0 + 0.111 + 0.2605 = 0.3715 \text{。}$$

同理，標準桿5或4的球洞達成目標成績的機率，他也可以依循回溯法依序計算。

隨機配對共乘機車去郊遊

之前我們使用模擬方法，計算共乘機車去郊遊而回程沒有任何一組隨機配對成功的機率。為了獲得一般化的結果，假設共有n對男女參與這項活動。這類問題自從Montmort在西元1713年提出帽子隨機配對，幾百年以來吸引好多數學家熱烈討論，本節我們利用回溯法與集合運算求解。

首先我們定義：

D_n = 錯亂（derangement）排列（例如 n 位女生隨機選取機車編號沒有發生配對）的數目

如果它是一個錯亂排列，編號1的女生一定沒有選中相同於

來程的機車編號。現在我們假設她選中編號2的機車，輪到編號2的女生時，兩個互斥事件之一必然發生：

事件1：編號2的女生選中編號1的機車
事件2：編號2的女生沒有選中編號1的機車

在事件1，發生錯亂排列的條件為其他的n − 2位女生也沒有任何人選中相同於來程的機車編號，如此錯亂排列的數目我們記為D_{n-2}

在事件2，發生錯亂排列的情況包括編號2與其他n − 2位，共有n − 1位女生都沒有選中相對應的機車編號，所以錯亂排列的數目等於D_{n-1}。

由於編號1的女生選中編號2或2至k的任何機車編號（共有n − 1種），上述事件的論點都是相同，所以總共錯亂排列數目

$D_n = (n − 1)(D_{n-1} + D_{n-2})$，如此發生錯亂排列的機率

$P_n = D_n / n!$，左式的n! = n部機車所有可能排列

$$P_n = ((n − 1) / n!)(D_{n-1} + D_{n-2})$$
$$= (n − 1) [(1/n)(D_{n-1}/(n − 1)!) + (1/(n(n − 1))(D_{n-2} /(n − 2)!)]$$
$$= (1 − 1/n) P_{n-1} + (1/n) P_{n-2}$$，再改寫為

$nP_n =（n − 1) P_{n-1} + P_{n-2}$，與

$P_n − P_{n-1} = −(P_{n-1} − P_{n-2}) / n$，

　　很明確的在一位女生一部機車的例子，發生錯亂排列的機率 $P_1 = 0.0$，在兩位女生兩部機車的例子，發生錯亂排列的機率 $P_2 = 1/2$，如此

$$P_3 - P_2 = -(P_2 - P_1) / 3 = -1/3! \text{，} P_3 = 1/2! - 1/3!$$
$$P_4 - P_3 = -(P_3 - P_2) / 4 = 1/4! \text{，} P_4 = 1/2! - 1/3! + 1/4!$$

　　繼續推演的結果說服我們通式 $P_n = 1/2! - 1/3! + 1/4! - ... + (-1)^n/n!$ 的正確性。

　　現在我們介紹使用集合與組合運算的解法，讓

N(i), $1 <= i < = n$ 等於至少第i對發生配對的排列的事件，

N(1) = N(2), .. = N(i)，N(i)的排列個數 = $(n - 1)!$

N(i, j), $1 <= i < j <= n$ 等於至少第i與第j對發生配對的排列的事件，

N(1, 2) = N(1, 3), .. = N(i, j)，N(i, j)的排列個數 = $(n - 2)!$

N(i, j,.., k), $1 <= i < j <... < k <= n$ 等於至少發生第i，j，...，與k配對的排列的事件，N(i, j,.., k)的排列個數 = $(n - k)!$

　　根據第二章介紹的排容公式，事件 $E_1, E_2 ,...E_n$ 的聯集

$$E_1 \cup E_2 \cup ... \cup E_k = \Sigma E_i - \Sigma E_i E_j + ... + (-1)^{r+1} \Sigma E_i E_j ... E_r + ... + (-1)^{n+1} E_i E_j ... E_n$$

　　所以錯亂排列的數目 D_n 等於所有可能排列數目n!去除所有至少發生一個配對的聯集，或

$D_n = n! - N(1) \cup N(2) \cup ... \cup N(n)$

$\quad = n! - C(n, 1) \times N(1) + C(n, 2) \times N(1, 2) + ... + (-1)^n C(n, n)$

$\quad\quad \times N(1, 2, ..., n)$，或

$D_n = n!(1 - 1/1! + 1/2! - 1/3! + ... + (-1)^n/n!)$，

將上式除以樣本空間n!，我們獲得相同於回溯法的結果：

$P_n = 1 - 1/1! + 1/2! - 1/3! + ... + (-1)^n/n!$

我還可活多久？

　　某人還可以活多久？除了某些特殊狀況或意外，沒有任何人，就算是名醫也不能斷言吧！科技發達的今天仍然沒有辦法預測任何個人的壽命，唯一可行的方式就是計算平均或期望壽命，以供相關人士制定安全、福利與醫療照護政策。算數平均數在機率統計的術語稱為期望值，它是度量物件性質例如人類壽命期望出現某數值或數值尺規的位置的一種常用方式。

　　民國99年內政部的統計數據男性平均壽命為76.13歲，女性則為82.55歲。在同一彙整表也包含各10歲間隔的期望平均餘命，以男性為例：30、40、50、60、70、80歲分別為47.27, 38.03, 29.42, 21.39, 14.21, 8.66歲。如此某80歲男性（已知條件），已經超過平均壽命3.87歲，可是他的期望餘命卻高達8.66歲，也就是說超過80歲的男性他們的平均壽命等於88.66歲（條件期望值）。

精算師仔細參考數據與模式，發展出種種保險計畫的保費與賠率。

第四章
條件機率與貝氏定理

　　在一個或數個階段的隨機試驗，兩個或數個不同事件同時發生的聯合事件的機率，稱為聯合機率。聯合事件的觀念使得統計推論（從隨機現象的觀察值或聯合事件，推估所有可能出象的機率規則的技術，如果每一次收集該隨機現象的觀察值的活動都是獨立且相同的隨機試驗。）的理論基礎得以確立。也因此管理者能夠掌握偶然發生的事件的機率，進而確保決策品質。

　　如果兩個事件的其中之一已經確定發生，另一個事件發生的機率稱為條件機率。又假設某種疾病的感染率很低，當檢驗結果呈現陽性，我們不要太擔心如果這項檢驗機制的可靠性並非滿分，我們可以根據這套檢驗機制的歷史紀錄再來判斷檢驗結果的可信度。這種藉由額外資訊（檢驗機制的可靠性）估計某事件發生的條件機率（稱為事後機率）的方式就是貝氏定理的重要應用。

內湖區　　信義區

▶ 看到別的區域房地產頻頻漲價，祇能嘆息人生難買早知道。

預報下雨機率不高，出門不用帶雨具？

　　假設一個隨機試驗能夠描述某一隨機試驗的隨機行為，又已知所有出象的樣本空間與某一事件空間，那麼使用第三章介紹的方法定義，計算一個事件發生的機率只是簡單的算數運算。

　　然而我們面對的決策問題常常存在某些前置條件，例如我們都是依據天氣狀況，決定出門是否攜帶雨具。這個場景包含兩種隨機試驗：預報下雨與攜帶雨具。如果我們考慮預報下雨的隨機試驗也是包含兩種簡單事件，預報下雨（R）與預報不會下雨（R^c）；攜帶雨具也是包含兩種簡單事件，攜帶雨具（Y）與沒有攜帶雨具（Y^c）。

▶ 天氣預報下雨機率只有30%，到底該不該帶雨傘出門呢？

再進一步，預報下雨且攜帶雨具的事件（RY），預報下雨但沒攜帶雨具的事件（RY^c），預報不會下雨卻攜帶雨具的事件（R^cY），以及預報不會下雨也沒攜帶雨具的事件（E^cY^c）等兩種事件同時發生（交集事件）就稱為聯合事件，聯合事件發生的機率稱為聯合機率，以二維表格表示聯合事件的方式如下：

預報下雨的隨機試驗

		是（R）	否（R^c）
攜帶雨具	是（Y）	YR	YR^c
的隨機試驗	否（Y^c）	Y^cR	Y^cR^c

假設在過去的30次同樣的降雨機率某人記錄這些事件發生的次數，我們可以據以彙整成為如下列的二維事件表：

預報下雨

		是	否	小計
攜帶雨具	是	15	1	16
	否	6	8	14
小計		21	9	

本例兩個隨機試的聯合樣本空間共有上表中的四種簡單事件，因此我們能夠輕易的計算在這30次中的任何一次，天氣預報與他是否攜帶雨具的聯合機率：

$p_r(YR) = 1/2$，$p_r(YR^c) = 1/30$，$p_r(Y^cR) = 1/5$，
與$p_r(Y^cR^c) = 8/30 = 4/15$

又從上表的小計欄位，我們可以獲得攜帶雨具（Y）的機率，它是由聯合機率運算獲得的邊際機率：

$p_r(Y) = p_r(YR) + p_r(YR^c) = 1/2 + 1/30 = 8/15$，另外也可以直接由機率理論：樣本空間共由30個出象組成與16個攜帶雨具的事件出象，所以，

$p_r(Y) = n(Y) / n(S) = 16/30 = 8/15$，以及$p_r(Y_c) = 1 - p_r(Y) = 7/15$，還有其他的邊計機率：

$p_r(R) = p_r(YR) + p_r(Y^cR) = 15/30 + 6/30 = 7/10$，
$p_r(R^c) = 3/10$。

我們也可以利用如下的文氏圖提供上述的聯合事件AB的視覺效果：

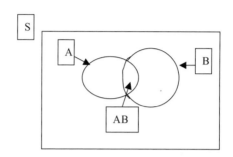

從這個文氏圖，我們可以辨識聯合事件AB也就是圓形A與圓形B的重疊部分，它同時也是事件A或事件B的一個子集合。如果我們定義事件A是一個試驗的樣本空間，然後AB當成一個事件空間，依據機率理論：已知事件B發生的前提下，事件A發生的機率，稱為條件機率等於：

$p_r(A \mid B) = n(AB) / n(B)$，同理

$p_r(B \mid A) = n(AB) / n(A)$，式中的$n(x)$等於事件x包含的簡單事件的個數，而

$n(AB) / n(A) = (n(AB) / n(S)) / (n(A) / n(S)) = pr(AB) / p_r(A)$，因此

$p_r(A \mid B) = p_r(AB) / p_r(A)$，$p_r(B \mid A) = p_r(AB) / p_r(B)$；而

$p_r(AB) = p_r(A \mid B) \times p_r(B) = p_r(B \mid A) \times p_r(A)$ 就稱為乘法法則。

根據之前下雨預報與攜帶雨具的事件表，已知預報下雨的條

件下,攜帶雨具的機率:

$p_r(Y \mid R) = p_r(YR) / p_r(R) = (1/2) / (7/10) = 5/7$,同理沒有攜帶雨具的條件機率:

$p_r(Y^c \mid R) = (1/5) / (7/10) = 2/7$。這個結果也可以利用集合的餘集運算獲得

$p_r(Y^c \mid R) = 1 - p_r(Y \mid R) = 1 - 5/7 = 2/7$。其它條件機率,敬請讀者自行計算。

聯合事件(joint event):事件A與事件B同時發生的事件,標記為事件AB。

聯合機率(joint probability):事件A與事件B同時發生的機率,$p_r(A\,B)$。

邊際機率(marginal probability):假設我們關切的系統包含兩種隨機試驗,其中之一可能發生k種事件$B_1, B_2,...,B_k$;另一個隨機試驗產生的事件A的邊際機率,等於事件A與$B_1, B_2,...,B_k$等聯合機率的總合:

$p_r(A) = p_r(AB_1) + p_r(AB_2) + ...+ p_r(AB_k)$

條件機率(conditional probability):已知事件B發生的條件下,事件A發生的條件機率$p_r(A \mid B) = p_r(A\,B) / p_r(B)$

乘法法則(multiplication rule):從條件機率$p_r(A \mid B) = p_r(A\,B) / p_r(B)$,獲得$p_r(A\,B) = p_r(A \mid B) \times p_r(B) = p_r(B \mid A) \times p_r(A)$

選賢與能投下神聖的一票!

雖說民主社會人們可以自主投票選擇支持的候選人,但是一

般百姓或許為了討生活而忙碌不堪或漠不關心，因此只有少數的
人士能夠理性判斷候選人的操守與行政能力。所以候選人無不謹
慎的決定主打的議題與策略，期望獲得大多數選民的青睞。而適
當的選戰決策本來就必須建立在正確、完整與即時的資訊，例如
性別、學經歷、政黨認同、居住地區與行業別等等選民屬性與投
票行為的關聯。

　　假設某次選舉投票日之前接受調查的1000位選民依支持對象
與性別，彙整得到下列的結果：

支持對象				
性別	甲	乙	丙	小計
男	165	330	55	550
女	135	270	45	450
小計	300	600	100	合計 = 1000

　　接著，將上表中每一個欄位的聯合事件次數除以樣本空間長
度（1000），我們就可以獲得每一個聯合事件的相對次數：

支持對象				
性別	甲	乙	丙	邊際機率
男	0.165	0.33	0.055	0.55
女	0.135	0.27	0.045	0.45
邊際機率	0.3	0.6	0.1	

　　上表的相對次數等於從這1000受訪者隨機選出一位，他或她

的性別與支持對象的聯合機率，例如

p_r（男性受訪者且支持候選人甲）= 0.165，同理我們可以計算：

p_r（男性受訪者且支持候選人乙）= 0.33，

p_r（女性受訪者且支持候選人丙）= 0.045等等聯合機率，以及

p_r（男性受訪者）= 0.55，p_r（支持候選人丙）= 0.1等邊際機率。

還有根據條件機率的定義：

p_r（支持候選人甲｜男性受訪者）= p_r（男性受訪者支持候選人甲）/ p_r（男性受訪者）= 0.165 / 0.55 = 0.3；

p_r（支持候選人甲 | 女性受訪者）= 0.135 / 0.45 = 0.3。

由於支持候選人甲的非條件機率等於已知性別的條件機率，因此我們可以獲得這1000名受訪者，支持候選人甲的事件與性別事件無關的結論。

當我們進一步證明，無論X = 甲、乙或丙，Y = 男性或女性，底下的等式都會成立

p_r（支持候選人X | 性別Y）= p_r（支持候選人X），或

p_r（支持對象X，性別Y）= p_r（支持對象X | 性別Y）× p_r（性別）。代入上述二元事件表的數值，我們可以計算如下的機率：

p_r（支持候選人甲，男性）= p_r（支持候選人甲）× p_r（男性）= (0.3) (0.55) = 0.165

p_r（支持候選人甲，女性）= p_r（支持候選人甲）× p_r（女性）= (0.3) (0.45) = 0.135

同理，

P_r（支持候選人乙，男性）=

P_r（支持候選人乙）× P_r（男性）= (0.6) (0.55) = 0.33，

P_r（支持候選人乙，女性）=

P_r（支持候選人乙）× Pr（女性）= (0.6) (0.45) = 0.27，

P_r（支持候選人丙，男性）= 0.055，

P_r（支持候選人丙，女性）= 0.045。

當這1000位受訪者的支持對象不會受到性別的影響，機率術語稱它們（支持對象與性別）互為獨立變數。

獨立（independence）變數：變數A與B相互獨立，如果所有聯合事件發生的機率等於各自邊際機率的乘積，$p_r(A，B) = p_r(A) × p_r(B)$

本例獨立變數的理想數據，實際上從抽樣的角度來看幾乎不可能出現，還好敘述樣本的特徵只是隨機變數的真實參數的一個估計值，一個近似值。那麼如何由隨機樣本判斷理論上隨機變數之間是否相互獨立？解答的過程敬請參考相關統計書籍。

先抽先贏？

許多集會尤其在尾牙春酒等場合，餘興節目之一就是抽獎活

動，人人都期望能夠抽中大獎；又如結訓之前，入伍菜鳥無不希望可以抽到理想的分發部隊或地點。在這些常見的場合，有些人認為先抽者中大獎的機率較高而努力搶頭香，有些人則不在乎抽籤的順序，相信無論是哪一個順位抽籤中獎機率皆相等。認知正確的是哪一群人？

假設吃午飯的時間到了，忙著準備期中考試的同寢室的四個同學決定隨機抽取一人外出為大家購買便當。為了公平起見，其中一位同學製作四張相同的紙片，僅在其中一張劃下一個圓圈，抽到這一張籤王的同學服務大家購買午餐。毫無疑問的，第一位抽籤的同學贏得為大家犧牲的機率等於1/4，或

p_r（第一位抽籤的同學抽到籤王）= 1/4，然後第二位抽籤的同學抽到籤王有兩種可能的條件事件，已知第一位抽籤的同學抽中籤王與已知第一位抽籤的同學沒有抽中籤王。如此

p_r（第二位抽籤的同學抽中籤王）=

p_r（第二位抽籤的同學中到籤王 | 第一位抽籤的同學抽中籤王）+ p_r（第二位抽籤的同學抽中籤王 | 第一位抽籤的同學沒有抽中籤王）

如果已知第一位抽籤的同學抽中籤王，那麼第二位抽籤的同學中到籤王的機率等於零，因為剩下的三張紙片沒有一張被劃上圓圈；如果已知第一位抽籤的同學沒有抽中籤王，第二位抽籤的同學中到籤王的機率等於1/3，因為剩下的三張紙片只有一張被劃上圓圈，所以

p_r（第二位抽籤的同學抽中籤王）= p_r（第二位抽籤的同學抽中籤王 | 第一位抽籤的同學沒有抽中籤王）× p_r（第一位抽籤的同學沒有抽中籤王）= (1/3) (3/4) = 1/4，同理

p_r（第三位抽籤的同學抽中籤王）= p_r（第四位抽籤的同學抽中籤王）= 1/4，由此可證，抽籤順序並不影響抽中籤王的機率都是等於1/4。

雖然這個例子規模很小只有四個人參與，只有一張籤王，但是只要遵循這個演算過程，任意指定的參與人數與籤王數目，我們都能獲得相同的結論：任何順位抽中大獎的機率都相等。

今天真幸運，上學途中一路綠燈！

以依序投擲兩顆骰子為例，讓A與B分別表示這兩次試驗結果的點數，我們不難證明$p_r(A, B) = p_r(A) \times p_r(B)$，所以A與B為兩個相互獨立的事件，我們也可以從之前列出的這個隨機試驗的樣本空間得知，第一次擲出3點而第二次擲出5點的聯合機率：

$$p_r(3, 5) = p_r(3) \times p_r(5) = (1/6) \times (1/6) = 1/36。$$

事件A與事件B相互獨立，不同於事件A與事件B沒有共同元素的互斥事件，因為後者$p_r(A, B) = 0$，而前者$p_r(A, B) = p_r(A) \times p_r(B)$。除此之外，獨立事件通常發生在不同的試驗階段，而互斥事件大都發生在同一個試驗的樣本空間的環境。我們再來看底下的例子：

某學生從住宿處騎乘機車到學校，必須經過兩個裝置交通號誌的十字路口。根據經驗任何一次任一個路口碰上紅燈的機率都是等於0.7；如果已知他第一個路口碰上紅燈，他在第二個路口也會碰上紅燈的條件機率等於0.4；又已知他第一個路口碰上綠

燈，他在第二個路口也會碰上綠燈的條件機率也是等於0.4，如何計算任何一次他上學途中剛好碰上一次綠燈與一次紅燈的機率？

▶ 今天真幸運，上學途中一路綠燈！

　　根據題意，並讓R1 = 第一個路口碰上紅燈，R2 = 第二個路口碰上紅燈，G1 = 第一個路口碰上綠燈，G2 = 第二個路口碰上綠燈，以符號表示如下：

$p_r(R1) = 0.7, p_r(R2 \mid R1) = p_r(G2 \mid G1) = 0.4$，然後

p_r（一次綠燈與一次紅燈）$= p_r(G2, R1) + p_r(R2, G1)$

$= p_r(G2 \mid R1) \times p_r(R1) + p_r(R2 \mid G1) \times p_r(G1)$

$= (1 - 0.4) \times (0.7) + (1 - 0.4) \times (0.3) = 0.6$，

p_r（第一個路口綠燈，第二個路口綠燈）

$= p_r$（第二個路口綠燈 | 第一個路口綠燈）$\times p_r$（第一個路口綠燈）

= (0.4) (0.3) = 0.12，真幸運，機率這麼小還是被我碰上了。

隨機配對共乘機車去郊遊

第三章我們使用模擬方法，計算共乘機車去郊遊而回程沒有任何一組隨機配對成功的機率。本節我們利用條件機率與回溯法，求解同一問題。

為了獲得一般化的結果，假設共有n對男女參與這項活動。首先我們定義下列事件：

E = 沒有發生配對

M = 女生隨機選中相同於來程的車號，

M^c = 女生隨機選中不同於來程的車號

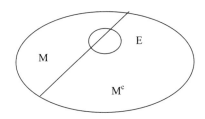

上面的文氏圖，最外圍的橢圓形表示女生選取車號的樣本空間，小圓圈表示沒有發生配對的事件E，它包括兩個互斥的聯合事件EM與E M^c。因此：

$$p_r(E) = p_r(E \mid M) \, p_r(M) + p_r(E \mid M^c) \, p_r(M^c)$$

如果我們讓P_n＝n位女生中沒有任何一位從n部機車，隨機選中相同於來程的機車編號的機率，如此第一位女生選取機車編號，沒有選中相同於來程的機車編號的機率

$$P_n = p_r(E) = p_r(E \mid M) \, p_r(M) + p_r(E \mid Mc) \, p_r(Mc)$$

在這個式子中，很明確的$p_r(E \mid M) = 0.0$，因為事件M沒有發生；而$p_r(M^c) = (n-1)/n$，所以

$$P_n = p_r(E \mid M^c)((n-1)/n)$$

仔細思考後我們就會發現，第二位女生抽號時，$p_r(E \mid M^c)$包括兩個互斥事件：

她的編號已被第一位抽走，然後剩下的$n-1$位女生沒有任何人選中相同於來程的機車編號，它的機率等於P_{n-1}，與

她的編號沒被第一位抽走仍然留在剩下的$n-1$號碼中，且剩下的$n-2$位女生也沒有任何人選中相同於來程的機車編號，它的機率等於$P_{n-2}/(n-1)$。

然後將$p_r(E \mid M^c) = P_{n-1} + P_{n-2}/(n-1)$，代入$P_n$式子：

$P_n = (P_{n-1} + P_{n-2}/(n-1))((n-1)/n)$，再改寫為

$n\,P_n = (n-1)\,P_{n-1} + P_{n-2}$，與$P_n - P_{n-1} = -(P_{n-1} - P_{n-2})/n$，又明確的

$P_1 = 0.0, P_2 = 1/2$，如此

$P_3 - P_2 = -(P_2 - P_1)/3 = -1/3!$，$P_3 = 1/2! - 1/3!$

$$P_4 - P_3 = -(P_3 - P_2) / 4 = 1/4! \text{，} P_4 = 1/2! - 1/3! + 1/4!$$

繼續推演的結果說服我們通式$P_n = 1/2! - 1/3! + 1/4! - ... +(-1)^n/n!$的正確性。

真巧，每人各拿一張A

橋牌或拱豬等四人紙牌遊戲，每人剛好各得一張Ace，真巧！我們可以運用條件機率來說明它出現的機率，首先我們定義：

E1 = 黑桃Ace被分派在任何一堆的事件，

E2 = 已知黑桃被分派在一堆，紅心Ace被分派在不同一堆的事件，

E3 = 已知黑桃與紅心Ace各被分派在不同的一堆，梅花Ace被分派在不同一堆的事件，

E4 = 已知黑桃、紅心與梅花Ace各被分派在不同的一堆，鑽石Ace被分派在不同一堆的事件；

$p_r(E1) = 1$，黑桃Ace一定落入所有52張牌之中，

$p_r(E2 \mid E1) = 39/51$，包含黑桃Ace的13牌以外的39張牌之中包含紅心Ace，

$p_r(E3 \mid E1 \ E2) = 26/50$，包含黑桃與紅心Ace的26牌以外的26張牌之中包含梅花Ace，

$p_r(E4 \mid E1 \ E2 \ E3) = 13/49$，包含黑桃紅心與梅花Ace以外的13張牌之中包含磚塊Ace，

那麼巧，我們每人各拿一張A！

不要大驚小怪，機率白修了嗎？每人各拿一張A的機率大約是0.1，平均每十副牌就會出現一次。

▶ 四人拱豬紙牌遊戲

由條件機率的乘法法則，$p_r(E\ F) = p_r(E\ |\ F) \times p_r(F)$，同理

$p_r(E1\ E2) = p_r(E2\ |\ E1) \times p_r(E1)$

$p_r(E1\ E2\ E3) = p_r(E3\ |\ E1\ E2) \times p_r(E1\ E2)$

$= p_r(E3\ |\ E1\ E2) \times p_r(E1\ E2) \times p_r(E1)$，所以

$p_r(E1\ E2\ E3\ E4) = p_r(E4\ |\ E1\ E2\ E3) \times p_r(E1\ E2\ E3)$

$= p_r(E4\ |\ E1\ E2\ E3) \times p_r(E3\ |\ E1\ E2) \times p_r(E1\ |\ E2) \times p_r(E1)$，如此

$p_r(E1\ E2\ E3\ E4) = (13/49) \times (26/50) \times (39/51) \times 1 = 0.1055$。

由於機率只有0.1055，大約每十次才會出現一次。另外，這個問題也可以使用排列組合的定理解決，如果我們事先將四張

Ace放在不同的位置，總共有4!或24種排列方式，然後從剩下的48張牌中隨機分派12張到其中一堆；再從剩下的36張牌中隨機分派12張到其餘三堆中的其中一堆；再從剩下的24張牌中隨機分派12張到其餘二堆中的其中一堆；最後的12張牌沒有選擇的放入剩下的一堆。上述題意，總共的排列組合等於：

$$4! \times C(48, 12) \times C(36, 12) \times C(24, 12) \times C(12, 12)$$
$$= 4! \times 48! / (12! \times 12! \times 12! \times 12!)$$

而將52張紙牌隨機分成四堆總共的組合共有

$$C(52, 13) \times C(39, 13) \times C(26, 13) \times C(13, 13)，如此$$
$$p_r（每人各分得一張Ace）$$
$$= (4! \times 48! / (12! \times 12! \times 12! \times 12!)) / (52! / (13! \times 13! \times 13! \times 13!))$$
$$= 0.1055$$

計算第二階段考試過關的機率

　　從小到大面對大大小小的考試，每個人已是身經百戰，但是在重要或關鍵性的考試之前，誰也不敢大意而用心準備。有些考試更是折磨人似的分成兩個階段，請問在已知一位考生通過第一關的條件下，如何計算第二階段的考試他也能順利過關的機率？

　　假設這兩階段考試的出象互相獨立，但是各自相依於考生程度，通過第一關的考生才有資格參與第二階段的考試，又已知全

體考生中的80%程度不佳，所以任意選出一位考生，他屬於程度不佳的族群的機率p_r（程度不佳）= 0.8；如果以往參與這類考試的紀錄，不同學識能力程度的考生通過任何一個階段考試的機率：

p_r（及格 | 程度甚佳）= 0.6，p_r（及格 | 程度不佳）= 0.1。

接著我們可以計算，隨機選取一位考生她通過任一個階段的邊際機率：

p_r（及格）= p_r（及格 | 程度甚佳）× p_r（程度甚佳）+
p_r（及格 | 程度不佳）× p_r（程度不佳）
= p_r（及格，程度甚佳）+ p_r（及格，程度不佳）
= 0.6×0.2 + 0.1×0.8 = 0.12 + 0.08 = 0.2

如此，已知一位考生通過任一階段而他屬於程度甚佳與不佳的條件機率分別為：

p_r（程度甚佳 | 及格）= p_r（及格，程度甚佳）/ p_r（及格）= 0.12 / 0.2 = 0.6，
p_r（程度不佳 | 及格）= p_r（及格，程度不佳）/ p_r（及格）= 0.08 / 0.2 = 0.4

已知一位考生通過第一關的條件下，第二階段的考試他也能順利過關的機率：

p_r（第二階及格 | 第一階段及格）＝

p_r（第二階及格 | 第一階段及格，程度甚佳）×p_r（程度甚佳 | 第一階段及格）＋p_r（第二階及格 | 第一階段及格，程度不佳）×p_r（程度不佳 | 第一階段及格）

再根據獨立性的假設，我們可以獲得：

p_r（第二階及格 | 第一階段及格，程度甚佳）＝p_r（第二階及格 | 程度甚佳），

p_r（第二階及格 | 第一階段及格，程度不佳）＝p_r（第二階及格 | 程度不佳）

所以p_r（第二階及格 | 第一階段及格）＝

p_r（第二階及格 | 程度甚佳）×p_r（程度甚佳 | 第一階段及格）＋p_r（第二階及格 | 程度不佳）×p_r（程度不佳 | 第一階段及格）＝$0.6×0.6＋0.1×0.4＝0.36＋0.04＝0.4$

通過第一階段的測驗，祈禱順利通過第二階段考試的機率有多高？

班對的另一個孩子也是女生？

假設投擲一枚均衡的銅板，出現正面與反面的機率相等，是一個大家都能接受的事實。如果現在也先假設擲筊的結果也是如此，那麼第一次擲筊的隨機試驗，與第二次的活動的結果互為獨立事件，所以無論第一次擲筊的結果為何，第二次出現正面或反面的機率都相等，也是不爭的事實。

現在我們考慮同時擲出兩枚筊子的問題，這也是廟宇的例行方式。假設這兩枚筊子出現正或反面的機率符合相等相同的假設，如果已知其中一個是正筊，那麼另一個筊子顯現正面的機率為何？對於這個問題，沒有經過仔細思考或直覺的答案：是的，機率相等，等於1/2。真是如此嗎？請看看我們的做法：

首先我們列出這個機試驗的樣本空間 = {正正，正反，反正，反反}。這個隨機試驗結果的樣本空間，一點也不稀奇因為與之前的做法沒有一點不同。雖然如此，由於樣本空間的四個簡單事件，其中的三個簡單事件至少包含一個正筊，所以兩顆筊子其中之一呈現正筊的機率等於3/4，又兩個盒子同時出現正筊的機率1/4。如此已知正筊（事件B）的機率$p_r(B) = 3/4$，另一個出現正筊（事件A）的機率，等於兩個正筊的機率$p_r(AB) = 1/4$：

$$p_r(A \mid B) = p(A, B) / P(B) = (1/4) / (3/4) = 1/3$$

因此其中一顆顯示出正筊的條件下，另一個筊子也是正筊的機率並不是等於1/2，而是1/3。

如果投擲的兩粒筊子，出現正筊的機率互相獨立都是等於0.6，那麼其中一顆顯示出正筊的條件下，另一個筊子也是正筊的機率：

$$p_r(A \mid B) = p(A, B) / P(B)$$
$$= (0.6 \times 0.6) / (0.36 + 0.24 + 0.24)) = 0.36 / 0.84 = 3/7$$

　　底下的問題也許可以幫助了解這類解法的本質：大學畢業後好久了，阿聰有個機會拜訪當年大家羨慕的班對，只聽說他們已有兩個小孩但不知是兩男、兩女或一對男女，按下門鈴後只見一位可愛的小女生來應門，如何幫阿聰計算同學的另一個小孩也是女生的機率？另一個小孩是男生的機率？

▶ 擁有一雙可愛兒女的班對，是兩個男孩、兩個女孩還是一男一女？

不實或糊塗申報所得稅？

　　每年一度的報稅季節，大部分的上班族一方面必須挪出時間填寫所得稅申報表格，一方面又傷心辛苦賺取的微薄薪水又要拿去繳稅，真是痛苦的不得了。所以不少義務納稅人申報不實的免稅額，其中某些人存心做假，但也有少數人是因為不太清楚免稅的項目或金額，當然好公民中還是有一些迷糊蛋。

　　假設過去的報稅統計，不實申報中存心不良的比率有5%，不清楚稅務法規的機率也有0.1，其餘的就是那些迷糊族群。又已知存心申報不實後來被裁定補稅的機率等於0.95，不清楚法規而被裁定補稅的機率0.8，糊塗蛋被裁定補稅的比率為90%。若已知某人被裁定補稅，這位人士屬於存心做假的機率為何？屬於不清楚法規者的機率有多少？屬於迷糊族群的機率又是多少？

　　我們首先使用機率符號簡化問題的敘述：

p_r（存心不良）= 0.05, p_r（不清楚法規）= 0.1, p_r（迷糊族群）= 0.85.,

p_r（裁定補稅 | 存心不良）= 0.95,

p_r（裁定補稅 | 不清楚法規）= 0.8,

p_r（裁定補稅 | 迷糊族群）= 0.9

🔘 苦命啊，居然還要補稅！

　　從集合理論，我們知道裁定補稅事件包括裁定補稅且存心不良，裁定補稅且不清楚法規，以及裁定補稅且迷糊族群等三個聯合事件，因此：

p_r（裁定補稅）＝ p_r（裁定補稅｜存心不良）×p_r（存心不良）＋ p_r（裁定補稅｜不清楚法規）×p_r（不清楚法規）＋ p_r（裁定補稅｜迷糊族群）×p_r（迷糊族群）

＝ (0.95)×(0.05) ＋ (0.8)×(0.1) ＋ (0.9)×(0.85)

＝ 0.0475 ＋ 0.08 ＋ 0.765 ＝ 0.8925

運用條件機率，我們可以計算：

p_r（存心不良｜裁定補稅）＝ p_r（裁定補稅，存心不良）/ p_r（裁定補稅）

＝ 0.0475 / 0.8925 ＝ 0.0532

同理，

p_r（不清楚法規｜裁定補稅）＝ 0.0896，

p_r（迷糊族群｜裁定補稅）＝ 0.8571。

　　以上利用額外資訊計算事後機率的過程，機率理論稱它為貝氏定理。

　　貝氏定理（Bayesian theorem）：假設一個元素空間可以被分割成$S_1, S_2, ..., S_k$個互斥的事件，這些事件各自發生的機率，也稱為事前機率（prior probability），分別為$p_r(S_1), p_r(S_2), ..., p_r(S_k)$。如果已知一個事件A發生，發生事件$S_j$的條件機率，也稱為事後機率（posterior p$_r$obability），等於：

$p_r(S_j| A) = p_r(A | S_j) \times p_r(S_j) / p_r(A)$，$j = 1, 2, ..., 或k$，左式

$p_r(A) = p_r(A | S_1) \times p_r(S_1) + p_r(A | S_2) \times p_r(S_2) + ... + p_r(A | S_k) \times p_r(S_k)$

選中大獎的機率

如第三章的例子我們首先假設大獎是一部車子而小獎是一頭山羊，這也是當初遊戲的設計，然後車子與兩頭山羊被隨機放置在三道門之後。如此，最初或無條件機率車子在任何一道門X =x後方的機率：

p_r（車子在x門號後方）$= 1/3$，$x = 1, 2或3$

當然優勝者選擇的門號Y = y與車子放放在X = x門號之後是兩個獨立事件，機率表示方式如下：

$p_r(X = x | Y = y) = 1/3$，$x = 1, 2或3$，$y = 1, 2或3$

主持人打開一道門Z = z，當然必須同時考慮車子的位置門號與優勝者選擇的門號，所以：

$p_r(Z = z | X = x, Y = y)$
$= 0$，假如z = y，因為主持人不能打開優勝者選擇的門號
$= 0$，假如z = x，因為主持人不能打開放置車子的門號
$= 1/2$，假如 z 不等於y，而且y = x，因為優勝者正好選中車

子的門號，主持人可以任意打開後面是一頭山羊的兩個門
號的其中之一

= 1，假如 z 不等於x，z 也不等於y，主持人沒有任何選擇，
只能打開那道沒有被優勝者選取而後面是一頭山羊的門號

如此，優勝者可以應用貝氏定理，計算已知主持人打開的門
號Z = z與優勝者當初選擇的門號Y = y，車子在X = x門號之後的
條件機率：

$$p_r(X = x \mid Z = z, Y = y) = p_r(X = x, Z = z, Y = y) / p_r(Z = z, Y = y)$$

上式的聯合機率$p_r(Z = z, Y = y)$
= $p_r(X = 1, Z = z, Y = y) + p_r(X = 2, Z = z, Y = y)$
+ $p_r(X = 3, Z = z, Y = y)$

如此，假設車子位於x門號之後（X= x）又當初優勝者選取
第一道門y = 1，他獲得大獎的事前機率：

$$p_r(X = x) = 1/3，$$

當主持人打開的門號z = 3，如果車子位於x = 2，X、Y與Z
的聯合機率：

$$p_r(X = 2, Z = 3, Y = 1) = p_r(Z = 3 \mid X = 2, Y = 1) \times p_r(X = 2, Y = 1) = 1 \times ((1/3)(1/3)) = 1/9；如果車子位於x = 1，$$
$$p_r(X = 1, Z = 3, Y = 1) = p_r(Z = 3 \mid X = 1, Y = 1) \times p_r(X = 1, Y =$$

1) = (1/2) × （ (1/3) (1/3)）= 1/18：如果車子位於x = 3，

　　$p_r(X = 3，Z = 3，Y = 1) = p_r(Z = 3 | X = 3，Y = 1) × p_r(X = 3, Y = 1) = 0 × （ (1/3) (1/3)）= 0.0$，又

　　$p_r(Z = 3，Y = 1) = p_r(X = 1，Z = 3，Y = 1) + p_r(X = 2，Z = 3，Y = 1) + p_r(X = 3，Z = 3，Y = 1) = 1/18 + 1/9 + 0.0 = 1/6$，所以

　　$p_r(X = 2 | Z = 3，Y = 1) = p_r(X = 2，Z = 3，Y = 1) / p_r(Z = 3，Y = 1) = 1/9 / 1/6 = 2/3$

　　如此如果當初優勝者選擇第一道門y = 1，當主持人打開的門號z = 3，他改變當初的選擇而獲得大獎的條件機率等於2/3。

　　讀者們請自行計算其它車子放置X = x，最初優勝者選取門號Y = y與主持人打開門號Z = z的所有組合，就能證明改變當初的選擇，優勝者獲得車子的機率，將從1/3提升到2/3。

碰上恐龍法官了嗎？

　　媒體偶而報導恐龍法官的消息，所謂恐龍法官應該是那些少數做出不合常理判決的法官吧。小張最近遭遇一場小車禍，在一個沒有交通號誌的十字路口被一部小摩托車攔腰撞上，騎乘的小女生翻過車頂然後掉落在車子的另一邊。幸運的是小女生只有一點擦傷但還是上醫院檢查，又小張車子的左後車門被撞凹了，摩托車的車頭也撞扁了。由於小張是一個電子新貴也買了保險，所以一切都好解決，由保險公司負擔所有修車與醫療費用。

　　如果這個事件的災難大了許多，必須上法院才能解決。當法官裁決小張必須負擔所有車禍的損失時，同情弱勢的小張並沒有

意見，只是希望法院能夠釐清車禍責任。如果這個法官認為這件案子已經結案了而不予以理會，他是不是一位恐龍法官？

假設以往的紀錄，恐龍法官與正義法官的比率分別為5%與95%。又已知一位恐龍法官誤判或不明事理的條件機率等於0.6；已知一位正義法官誤判的條件機率等於0.05。如此

任何一次審理碰上恐龍法官的事前機率：

p_r（恐龍法官）= 0.05

p_r（誤判 | 恐龍法官）= 0.6

p_r（誤判 | 正義法官）= 0.05，如此誤判的邊際機率：

p_r（誤判）= p_r（誤判，恐龍法官）+ p_r（誤判，正義法官）

= (0.6) (0.05) + (0.05) (0.95) = 0.03 + 0.0475 = 0.0775

所以在已知或深信被誤判的條件下，碰上恐龍法官的事後機率：

p_r（恐龍法官 | 誤判）= p_r（誤判，恐龍法官）/ p_r（誤判）

= 0.03 / 0.0775 = 0.3871

上述計算顯示，任何一次審理碰上恐龍法官的事前機率只有0.05，但是小張的例子他碰上恐龍法官的機率，或事後機率，將近40%。

 造成車禍明明不是我的錯，還要自行修車，真沒道理沒道理！

　　本例也是一個貝氏定理的應用，再來考慮一個類似的問題。假設某個地區某個時期居民感染一種罕見疾病的機率等於k，如果有一種檢查機制，當已知某人被感染時，檢驗結果呈現陽性反應的機率等於r；若已知某人沒有被感染時，檢驗結果呈現陰性反應的機率等於s。當某人不知是否感染而他的檢驗結果呈現陽性反映，他被感染這種罕見疾病的機率的計算公式如下：

　　事前機率：p_r（感染）= k

　　p_r（陽性 | 感染）= r，p_r（陰性 | 沒有感染）= s

　　感染的事後機率：p_r（感染 | 陽性）= r×k /(r×k + (1 − s) ×
(1 − k))

 不要擔心，陽性反應不代表真的感染SARS。

順利贏取工作機會

　　假設一家公司以往的紀錄，所有工作申請者中只有20%比較優秀，所以任意選取一位優秀申請者的機率p_r（優秀申請者）= 0.2。一般來說面試官們互相獨立判斷評價申請者的適合性，而獲得工作的申請者在三位主考官中至少必須兩位同意聘僱。假設對於優秀的申請者，主考官們贊成聘僱的機率都是等於0.7，所以p_r（同意聘僱 | 優秀申請者）= 0.7；而對於條件稍差的申請者，贊成聘僱的機率只有0.1。請問隨機選取的一位先生獲得這個工作機會的機率？

　　根據題意，我們首先列出底下的條件機率：

　　p_r（同意聘僱 | 優秀申請者）= 0.7，p_r（同意聘僱 | 稍差申請者）= 0.1，

　　p_r（不同意聘僱 | 優秀申請者）= 0.3，p_r（不同意聘僱 | 稍差

申請者）= 0.9

現在我們們開始計算任何一位申請者獲得工作機會的機率：

p_r（同意聘雇）= p_r（三位面試官一致同意聘雇）+ p_r（兩位面試官同意聘雇）

上式中的p_r（三位面試官一致同意聘雇）=

p_r（三位面試官一致同意聘雇 | 優秀申請者）× p_r（優秀申請者）+ p_r（三位面試官一致同意聘雇 | 稍差申請者）× p_r（稍差申請者）

= 0.7×0.7×0.7×0.2 + 0.1×0.1×0.1×0.8

= 0.0686 + 0.0008 = 0.0694，

p_r（兩位面試官同意聘雇）

= 3×p_r（其中兩位面試官同意聘雇，另一位不同意），

p_r（其中兩位面試官同意聘雇，另一位不同意）

= 0.3×0.7×0.7×0.2 + 0.9×0.1×0.1×0.8

= 0.0294 + 0.0072 = 0.0366

依此，任何一位申請者通過面試而獲得一份工作的邊際機率：

p_r（同意聘雇）= 0.0694 + 3×0.0366 = 0.1792

如果也有興趣計算已知第一位與第二位面試官同意聘僱，第

三位也投下同意票的條件機率：

首先我們計算第一位與第二位面試官一致同意聘僱的機率：

p_r（第一位與第二位面試官同意）

= p_r（第一位與第二位面試官同意 | 優秀申請者）× p_r（優秀申請者）+ p_r（第一位與第二位面試官同意 | 稍差申請者）× p_r（稍差申請者）

= $0.7 \times 0.7 \times 0.2 + 0.1 \times 0.1 \times 0.8 = 0.098 + 0.008 = 0.106$

因此，p_r（第三位也投下同意 | 第一位與第二位面試官同意）

= p_r（三位面試官一致同意聘雇）/ p_r（第一位與第二位面試官同意）

= $0.0694 / 0.106 = 0.6547$

掛心兒子口試是否過關的父親

等待，時間一分一秒的消逝還是沒有消息，這種考驗耐心的煎熬真是讓人難以消受。話說有一位前往國外攻讀統計博士學位多年的研究生，終於說服他的指導教授為他提出學位口試的申請，時間就訂定在本月底的最後一個星期二的上午9點。從小他就是一位按部就班、不走捷徑的小孩，就算是以往考試的考古題他都不屑一顧，因為他認為那是一種作弊的行為，某個角度來說有一點傻的可愛，但也付出更多時間準備功課。他的父親因為他一向正直不屈的態度而非常關心他的求學過程，尤其是這兩星期

以來的等待。從本地時間星期二晚上到隔天凌晨，一夜未能闔眼的父親實在等不下去了，只好鼓起勇氣的撥打電話。接通後傳來孩子興奮的大叫：「爸爸，我拿到博士學位了。」放下一顆懸在半空中的心的父親高興的又帶責備的說：「你這個孩子，你知道我是有多麼擔心嗎！」電話的那頭傳來孩子不安的聲音：「爸爸，對不起玩笑開大了，請不要生氣好嗎？你不是說過：『沒有消息就是好消息嗎？』。」

▶ 父親焦急的等待著兒子的口試成果。

　　沒有消息就是好消息，真的嗎？底下我們運用機率的理論來驗證這個陳述的正確性。假設這個可愛的研究生通過口試的機率p_r（通過口試）= 0.8，由於他的機率知識，他頑皮的盤算如果投擲兩個銅板的隨機試驗出現一正一反的出象，才馬上撥打電話，否則就等到當地晚餐時間再說。如此通過口試後他立即撥打電話的機率p_r（立即撥打電話）= 0.5。還有萬一沒有通過口試，當然就不必急著打電話了。

現在我們以一個樹狀圖分析這個問題：

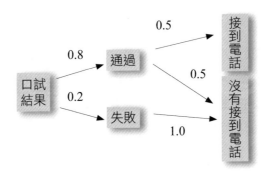

根據上面的樹狀圖，我們可以獲得下列聯合機率：

p_r（通過口試，接到電話）＝$0.8 \times 0.5 = 0.4$

p_r（通過口試，沒有接到電話）＝$0.8 \times 0.5 = 0.4$

p_r（口試失敗，沒有接到電話）＝0.2

經過進一步的計算我們得到，沒有接到電話的邊際機率：

p_r（沒有接到電話）

＝p_r（通過口試，沒有接到電話）＋p_r（口試失敗，沒有接到電話）

＝$0.4 + 0.2 = 0.6$

因此，已知沒有接到電話而他通過口試的條件機率：

p_r（通過口試｜沒有接到電話）

= p_r（通過口試，沒接到電話）/ p_r（沒有接到電話）

= 0.4 / 0.6 = 2/3 = 0.67

這個結果顯示已知沒有接到電話而他通過口試的事後機率= 0.67比起無條件或通過口試的事前機率= 0.8還小；換句話說，沒有接到電話而它是一個好消息的機率比實際發生的好消息的機率還要小，如此我們初步驗證了「沒有消息就是好消息。」

沒有消息就是好消息嗎？

星期五下午檢查報告就要出爐了，媽媽為了不要影響星期六晚上女兒結婚喜宴的歡樂氣氛，事先告訴醫生：「得知檢驗報告後請你丟個銅板，如果出現正面並且它是一個好消息就請來電告知，否則下星期一再說。」

我們的問題是：如果婚宴之前沒有接到醫生的來電，如何計算檢查結果是一個好消息與壞消息的機率？

▶ 醫生丟銅板決定是否告知檢驗結果。

　　假設檢查項目為是否罹患惡性腫瘤,事前醫生判斷結果為陽性的機率,也就是壞消息的機率p_r(壞消息)= $1 - \alpha$;而丟銅板出現正面的機率等於0.5也就是隨機宣告檢驗結果的機率,為了求得一般性的結果我們假設這個宣告消息的隨機因子等於β。根據這個場景,我們可以獲得底下的聯合機率:

p_r(好消息,宣告)= $\alpha\beta$,
p_r(好消息,隱藏)= $\alpha(1 - \beta)$,
p_r(壞消息,隱藏)= $1 - \alpha$,如此沒有接到電話的邊際機率
p_r(隱藏)= p_r(好消息,隱藏)+ p_r(壞消息,隱藏)
　　　　　= $\alpha(1 - \beta) + 1 - \alpha = 1 - \alpha\beta$

底下的樹狀圖顯示檢驗結果與隨機宣告消息的組合:

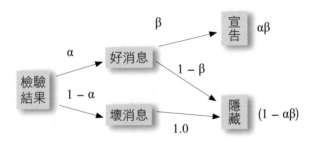

根據貝氏定理,已知隱藏條件,而它是一個壞消息的事後機率:

p_r(壞消息 | 隱藏)= p_r(壞消息,隱藏)/ p_r(隱藏)
　　　　　　　　　= $(1 - \alpha) / (1 - \alpha\beta)$,

因為$0 < \beta < 1$，所以$(1 - \alpha) / (1 - \alpha\beta) > (1 - \alpha)$，換句話說已知沒有接到電話而它是一個壞消息的事後機率大於事前它是一個壞消息的機率。另外

$$p_r（好消息 | 隱藏） = p_r（好消息，隱藏） / p_r（隱藏）$$
$$= \alpha(1 - \beta) / (1 - \alpha\beta)，$$

如此事前好消息的機率α大於已知沒有接到電話而它是一個好消息的事後機率 $\alpha(1 - \beta) / (1 - \alpha\beta)$，因為$\alpha - \alpha(1 - \beta) / (1 - \alpha\beta) = \alpha\beta / (1 - \alpha\beta)$大於0。

如上應用貝氏定理，不管隨機因子的大小，我們獲得的結論：沒消息就是好消息。

隨身碟到底掉在哪裡？

一位博士班研究生一時大意遺失存放所有研究過程與論文初稿的隨身碟而焦急不堪。由於她的生活單純，可能放置的地點只有三個地方，研究室，住家以及車上。如果這個隨身碟找不到，她必須費盡苦心從其它的電腦系統一一整合。她認為這個隨身碟遺留在研究室，住家以及車上的機率分別為，p_r（研究室）$= 0.6$，p_r（住家）$= 0.3$，p_r（車上）$= 0.1$。

又根據她以往不同地點找回失物經驗的條件機率，p_r（找回失物 | 研究室）$= 0.7$，p_r（找回失物 | 住家）$= 0.5$，p_r（找回失物 | 車上）$= 0.8$。

如果她在研究室找了半天還是找不到，這個隨身碟遺留在研

究室，住家還是車上的機率為何？

首先我們計算找不到這個隨身碟的邊際機率：

p_r（找不到）＝ p_r（找不到，研究室）＋ p_r（找不到，住家）＋ p_r（找不到，車上）＝ p_r（找不到 | 研究室）× p_r（研究室）＋（p_r找不到 | 住家）× p_r（住家）＋ p_r（找不到 | 車上）× p_r（車上）＝ $(1 - 0.7) \times (0.6) + (1 - 0.5) \times (0.3) + (1 - 0.8) \times (0.1) = 0.35$

根據貝氏定理：

p_r（研究室 | 找不到）＝ p_r（找不到，研究室）/ p_r（找不到）＝ $0.18 / 0.35 = 0.51$，同理，

p_r（住家 | 找不到）＝ p_r（住家，研究室）/ p_r（找不到）＝ $0.15 / 0.35 = 0.43$

p_r（車上 | 找不到）＝ p_r（車上，研究室）/ p_r（找不到）＝ $0.02 / 0.35 = 0.06$

根據以上機率的計算結果，如果翻遍研究室各個角落還是沒有發現隨身碟的蹤跡，如何建議她進行下階段的失物尋找？

翻遍研究室的抽屜尋找存放研究過程的隨身碟。

常看一二，知足常樂

　　俗語說不如意之事十常八九，雖然如此生活達人一向告誡我們常看一二，知足常樂。從機率的角度，如意之事十有一二的機率有多少？

　　假設一則事情只有如意與不如意兩種結果且每次試驗互相獨立，就算不如意的事件發生的機率等於0.9，連續十則事情都是不如意的機率等於0.9的10次方，還不到0.35，因此十則事情中至少出現一件如意的機會大於0.65。假設某人認為在他身上發生不如意的事件的機率等於0.8，十則事情中至少出現一件如意的機會更是高達九成，知足常樂吧！

甲：不如意之事十常八九！
乙：只是針對那些棘手的事情而不如意的結果記憶較為深刻吧！

第五章
隨機變數與期望值

　　使用簡短字詞代表產生隨機現象的物件的屬性或性質，大大簡化繁瑣的文字敘述，例如親友名錄表格的欄位名稱。由於每個物件具有個別性質，表格中相同欄位底下當然存著不同的內容，這個變異本質使得欄位名稱，也稱為隨機變數以強調其不確定性。為了方便數學運算，通常以英文大寫字母代表隨機變數，如X，小寫字母代表X的某一個例，如X = x表示隨機變數X等於x的事件。

　　如果我們能夠使用一個數學函數表示一個隨機變數的所有可能出象與它們出現的機率，我們就能夠完全了解這個隨機變數的機率分配規則，這個數學函數的術語稱為隨機變數的機率函數，通常簡稱為機率函數。

　　期望值，期望中一個隨機變數出現的個例，等於這個隨機變數所有出象的算術平均數。平均值本來就是我們日常應用的重要指標，如成年人平均身高、平均薪資等，除此之外期望值的觀念在機率統計領域非常重要，因為它是一個機率函數中最重要的參數之一。大部分描述隨機現象的理論機率函數，在期望值參數已

知的條件下，計算任何出象或事件發生的機率就成為可能。

　　本章我們利用數個例子說明隨機變數、機率函數與期望值的意義與應用。

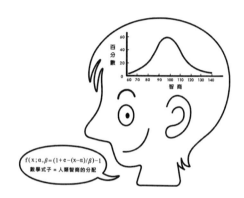

▶ 哇！數學式子f(x,α,β) = (1 + e^{-(x - α)/β})⁻¹就可以用來表示人類智商的分配，真神奇！

隨機變數是甚麼？

　　為了方便數學運算與簡化事件的文字敘述，我們可以使用一個變數名稱或簡稱為變數，譬如以X表示投擲一顆骰子的隨機試驗的出象，也為了強調投擲結果的變異性，所以稱它為一個隨機變數，這類隨機變數只能出現在一些特定的整數位置；而某些隨機試驗的結果並不是只能夠落在一些可數的（countable）點上，而是在某數值區間之內的任何位置，例如公車等待或旅行時間等。由於後續的運算與應用不同而必要有所區別，前者稱為離散隨機變數，後者稱為連續隨機變數。

就每天早上搭公車上班上學的系統，依研究目的不同，可以定義不同的隨機試驗，例如等車人數，乘客到站時間。所以任何一班公車在這個站牌的上車人數X是一個離散隨機變數，乘客等車時間Y則是一個連續隨機變數。

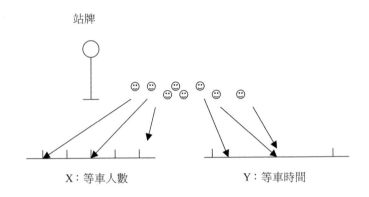

假設以往某站牌數班公車的等車人數紀錄獲得：5, 2, 3, 5, 6, 3, 4, 1, 4, 6，我們可以使用一個離散機率函數來表示等車人數的變化，出現任何一個觀察值的機率：

$$g(x) = p_r(X = x) = 1/10，x = 1或2$$
$$= 2/10, x = 3 、4、5或6$$
$$= 0.0, x 等於其它任何數值$$

又如果一班公車某一站乘客等待時間均衡的分布在5 ± 3分鐘之內，也就是任意一班公車這個站牌乘客等待時間落在2至8分鐘間任何數值的機率相等，如此等待時間這個連續隨機變數Y的機率函數，我們可以定義為：

f(y) = 1 /6, 2 < y < 8

= 0.0, y等於其它任何數值

上述g(x)與f(y)等數學式子，完整敘述X與Y可能出現的數值還有相對映的機率，機率術語稱為隨機變數X的機率分配函數（probability distribution function），又簡稱為機率函數。

為了凸顯它們的差異，稱呼離散隨機變數的機率函數為機率質量（mass）函數，而連續變數則稱為機率密度函數（probability density function, pdf）。由於連續變數比較適合敘述自然現象的隨機性質，所以人們不太刻意區別離散或連續，實際上常常直接使用縮寫pdf或機率函數。

隨機變數（random variable）：將一項隨機試驗的樣本空間的每一個元素，對應到某一個特定數值或一個數值區間之內的任何位置的函數或規則。

離散隨機變數（discrete random variable）：一個隨機變數的觀察值只有能夠落在一些可數的數值

連續變數隨機（continuous random variable）：一個隨機變數的觀察值可能落入某數值區間之內的任何位置

Y的機率函數不同於X的機率函數，因為我們可以使用g(x)或$p_r(X = x)$直接表示X等於某個數值x的機率，但是f(y)只有表示Y的分布曲線而不是機率，計算Y落入某數值區間(a, b)的機率，必須使用積分運算：

$$p_r(a < Y < b) = \int_a^b f(y) \, dy$$

理論上任何一個數學函數滿足下列條件，就可以當作一個機率函數：

g(x) >= 0.0，x = 任何數值

Σ g(x) = 1.0，假如X是一個離散變數，加總範圍包括所有可能的x；

如果X是一個連續變數，則必須滿足底下兩個條件

f(x) >= 0.0, x = 任何數值

∫f(x) dx = 1.0，積分範圍從−∞至+∞。

如果我們能夠發現或定義描述一個隨機現象的所有觀察值的機率函數，那麼這個隨機現象出現某數值或數值區間的事件的機率，就能夠輕易的計算（如下兩例）。

假設以隨機變數X代表修習某班統計課程所有學生的學期成績，又使用x = 1、2、3、4與5 分別表示A、B、C、D與F等五個等級，且其對映的比率為0.1、0.2、0.4、0.2與0.1，那麼底下的機率函數就適用於計算從這個班上隨機機選取一位學生，他的統計課學期成績等於或落入某數值等級區間的機率。

g(x) = 0.1, x = 1

　　　 = 0.2, x = 2

　　　 = 0.4, x = 3

　　　 = 0.2, x = 4

$$= 0.1, x = 5$$
$$= 0.0, x = 其他任何數值$$

例如這位隨機選取的學生，統計課學期成績獲得A的機率，$g(x) = 0.1$, 獲得C或更好的機率$p_r(x <= 3) = g(1) + g(2) + g(3) = 0.7$

如果數學函數$f(x) = e^{-x}$，e為自然對數的底數，適合描述某公車停靠站人們等車時間X分鐘的隨機試驗的隨機行為：

$$f(x) = e^{-x}，x > 0$$
$$= 0.0, x = 其他任何數值$$

例用積分運算，等車時間少於2分鐘的機率

$p_r(X < 2) = \int e^{-x} dx$，積分範圍從0.0至2.0 $= 1 - e^{-2} = 1 - 0.135 = 0.865$，

等車時間大於5分鐘的機率$p_r(X > 5) = \int e^{-x} dx$，積分範圍從5.0至$+\infty = 1 - p_r(X < 5) = e^{-5} = 0.007$，

等車時間在2至4分鐘之間的機率$p_r (2 < X < 4) = \int e^{-x} dx$，積分範圍從2.0至4.0 $= e^{-2} - e^{-4} = 0.135 - 0.018 = 0.117$

計算隨機變數的期望值

當一個隨機試驗在相同條件下重複執行無限多次，所有觀察值的平均值稱為期望值（expectation value)。以數學式子表示，離散與連續隨機變數的期望值E[X]與E[Y]分別如下：

E(X) = Σ x g(x)，Σ為總合符號，範圍包括所有x的數值

E[Y] = ∫ x fX(x) dx，積分範圍從−∞至+∞

　　根據這兩個計算公式，紀錄投擲一顆正六面體的骰子的點數的隨機變數的期望值等於：

E[X] = Σ x g(x) = (1 + 2 + 3 + 4 + 5 + 6) /6 = 21/6 = 3.5點，

同理上小節等車時間那個連續隨機變數X的期望值等於：

$$E[X] = \int_{-\infty}^{\infty} X\, f_X(x)\, dx = \int_0^{\infty} x\, e^{-x}\, dx = 1分鐘$$

　　如此，計算一個隨機變數的期望值包括下列三個步驟：

定義隨機變數
建立這個隨機變數的機率函數
依據期望值運算式進行計算

上下班途中碰上紅燈交通號誌的期望值

　　小劉每天上下班必須經過數個十字路口，其中有三個進入幹道的路口，碰上紅燈的等待時間特別難耐。如果在這三個路口碰上紅燈的機率分別為$p_r(R1) = 0.4$，$p_r(R2) = 0.3$，$p_r(R3) = 0.5$。假設這些交通號誌相互獨立作業，如此途中這三個路口都遇上紅燈的機率：

p_r（三個路口都遇上紅燈）= $p_r(R1) \times p_r(R2) \times p_r(R3)$ = 0.06，同理

p_r（兩個路口遇上紅燈，另一個綠燈）=

$p_r(R1) \times p_r(R2) \times (1 - p_r(R3)) + p_r(R1) \times (1 - p_r(R2)) \times p_r(R3) + (1 - p_r(R1)) \times p_r(R2) \times p_r(R3)$ = 0.06 + 0.14 + 0.09 = 0.29，

p_r（一個路口遇上紅燈，另外兩個綠燈）=

$p_r(R1) \times (1 - p_r(R2)) \times (1 - p_r(R3)) + (1 - p_r(R1)) \times (1 - p_r(R2)) \times p_r(R3) + (1 - p_r(R1)) \times p_r(R2) \times (1 - p_r(R3))$ = 0.14 + 0.21 + 0.09 = 0.44，

p_r（三個路口都遇上綠燈）= $(1 - p_r(R1)) \times (1 - p_r(R2)) \times (1 - p_r(R3))$ = 0.21。

現在我們以隨機變數X代表三個路口遇上紅燈的個數，底下我們列出X的機率函數：g(X = x)再簡寫為g(x)

$$g(x) = 0.21, x = 0$$
$$0.44, x = 1$$
$$0.29, x = 2$$
$$0.06, x = 3$$
$$0.0, x = 其它任何值$$

根據期望值運算，E[X] = Σ x g(x), x = 0, 1, .., 3，所以
E[X] = 0×0.21 + 1×0.44 + 2×0.29 + 3× 0.06 = 1.2。如此小劉每天上下班在這三路口平均碰上1.2次紅燈。

我們也可以利用期望值符號計算隨機變數X的變異數V(X)，

它是度量隨機變數所有可能觀察值分散情形的參數。在此我們只是說明它的定義與計算方式:

$$V(X) = E\,[(X - E[X])^2] = E\,[(X^2] - (E[X])^2$$

以碰上紅燈的個數的隨機變數為例:

$$E\,[(X^2] = \Sigma\, x^2 g(x) = 0^2 \times 0.21 + 1^2 \times 0.44 + 2^2 \times 0.29 + 3^2 \times 0.06$$
$$= 0.44 + 4 \times 0.29 + 9 \times 0.06 = 2.14,$$
$$V(X) = 2.14 - 1.2^2 = 0.7$$

購買台灣彩券5/39的期望值

台灣彩券5/39,顧名思義的以機械方式充分翻滾包含39個由1開始依序編號的彩球的開獎機,然後一一搖出5顆彩球,彩球上的5個號碼即為中獎數字。顧客以50元一注的代價購買一張彩券,每一注包含的5個數字可以自行選取或經由彩券投注機的內建電腦程式隨機產生。

▶ 哇！台彩5/39的期望值還不到六成。

　　如果顧客手中彩券的5個號碼對中那5個中獎數字，這張彩券的獎金等於800萬；對中任何4個中獎數字獎金2萬；對中任何3個中獎數字獎金300元；對中任何2個中獎數字獎金50元；至於對中1個或一個都沒中，50元投注金就飛掉了。現在我們以隨機變數X代表獲獎金額，所有$p_r(X = x)$：

$p_r(X = 800萬) = 1 /575757$

$p_r(X = 2萬) = C(5, 4) \, C(34, 1) / 575757 = 170 / 575757$

$p_r(X = 400元) = C(5, 3) \, C(34, 2) / 575757 = 5610 / 575757$

$p_r(X = 50元) = C(5, 2) \, C(34, 3) / 575757 = 59840 / 575757$

$p_r(X = 0元) = C(5, 1) \, C(34, 4) / 575757 + C(34, 5) / 575757$

$= (231880 + 278256) / 575757$

X的期望值，$E(X) = \Sigma \, x \, p_r(X = x)$

$= (8000000 \times 1 + 20000 \times 170 + 300 \times 5610 + 50 \times 59840) /$
  575757

= (8,000,000 + 3,400,000 + 1,683,000 + 2,992,000) / 575757

= 1,607,500 / 575757 = 27.9198元

　　這個數字告訴我們，長期大量以50元一注的代價購買台灣彩券5/39，每一注回收的金額還不到28元還不到六成。何況對中大獎時，必須繳納20%的稅金，所以真正回收的期望值大約是25元。想想看，投資報酬這麼低，除非老天賞臉要不然靠它致富真的是門都沒有。如果真的熱中彩券遊戲，計算各種玩法的期望值再說吧。還有在拜訪Casino之前，也不要忘了計算各種賭局的期望值喔！

市井小民的小小賭局

　　從前在過年期間，尤其是大年初一到初三，廟口或市場出入口，總可以看到十來個人圍著一張小桌子，桌子上鋪了一張畫上投擲一顆骰子所有可能出現的六種點數，如下插圖：

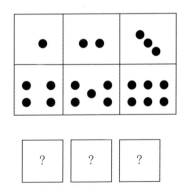

　　每一盤賭局在所有人面前，莊家首先拾起桌上的三顆骰子，放入一個小盤子再蓋上一個碗，接著拿起內含三顆骰子的碗盤組在前方搖動數下然後靜放在桌上。準備就緒後，莊家吆喝著邀請大家下注；賭客們隨著自由意願，選擇下注一個或數個點數，以及每一注的賭金，於是賭客將賭金放置在押寶的點數方格內；下注活動停止後，莊家輕輕的翻開碗蓋。對獎活動當然是幾家歡喜幾家愁的場景，只要押寶的點數，與三顆骰子的其中一個的點數相同時，就可贏得一倍押注金額；而莊家則獲取在沒有對應任何一個點數的方格內的所有賭金。

　　下注一個點數，贏得三倍賭金的機率等於1/216，因為每顆骰子出現下注的點數的機率都是1/6，而每顆骰子出現某個點數都是獨立事件。當三顆骰子中有兩顆出現與下注的點數相同，另一顆可以等於下注點數之外的五種點數的其中一種，它有三種可能，所以贏得兩倍賭金的骰子點數組合總共有15種。同理，贏得一倍賭注的機率等於75/216，血本無歸的機率等於125/216。

　　現在我們將任一盤賭局，賭徒下注一個單位的賭注可能贏得的金額，以隨機變數X表示，底下就是X的機率函數：

$p_r(x = 3) = (1/6) \times (1/6) \times (1/6) = 1/216$

$p_r(x = 2) = 3 (1/6) \times (1/6) \times (5/6) = 15/216$

$p_r(x = 1) = 3 (1/6) \times (5/6) \times (5/6) = 75/216$

$p_r(x = -1) = (5/6) \times (5/6) \times (5/6) = 125/216$

根據隨機變數的期望值定義，$E(X) = \Sigma \, x \, p_r(X = x)$

$= (3) \times (1/216) + (2) \times (15/216) + (1) \times (75/216) + (-1) \times (125/216)$

$= -17/216$

▶ 投擲三顆骰子的賭局，誰能贏得賭金？

　　這個期望值顯示，一個單位賭注在非常多次的重複賭局，平均每局損失17/216個賭注。換個方向來說，一個單位賭注的平均回收期望值等於1 – 17/216 = 199/216，或0.92%左右。比起台灣彩券5/39去除公益與稅金的預期回收僅有25%，上述丟擲骰子的賭博規則，對於賭徒來說，顯然是一個平均損失較低的選擇。但是對於骰子賭博的莊家來說，每一盤賭局，他就能獲取全部賭注的8%，只要賭徒瘋狂下注而且沒有被警察取締，長時間下來收入一定非常可觀。

　　了解麻將玩法的人都知道，每一局都是依據丟擲三顆骰子出現的點數來決定由哪方位哪一鋪開始取牌，可能的四個方位被選取的機率都相等嗎？本節敘述的賭博遊戲中，賭徒每局下注兩個點數，他平均回收期望值大於下注單一點數的賭徒嗎？嘗試尋找答案，該拿出紙筆低頭思考？或應用模擬方法不斷投擲三顆骰子並記錄出現的點數吧？

設計公平遊戲

　　某個周末早上兩個室友小武與小偉閒來無事，互相提議設計一個遊戲用來預測今天誰的運氣比較好，為了提升刺激與趣味性他們同意每局輸贏附加一筆不大的賭注。說著說著小武拿起桌上的一枚十元銅幣說：我往空中彈上這枚硬幣，往下掉時以左手背接住再以右手掌覆蓋，讓你猜猜在右手掌下的硬幣出現人頭或文字，猜中你贏十元，不中我贏你十元，不管輸贏交換作莊，如何？

　　首先我們將每次輸贏的金額當成一個隨機變數X，假設這顆硬幣出現任何一面的機率階相等 = 1/2，底下是它的機率函數與期望值的計算過程：

$$p_r(X = +10) = 1/2 \text{，} p_r(X = -10) = 1/2$$
$$E[X] = (10) \times (1/2) + (-10) \times (1/2) = 0.0$$

　　由於X的期望值等於0，所以小武提議的辦法是一種零和遊戲，是一個公平的賭局。

　　朋友之間的小賭局，賴賬的人雖少總是偶而有耳聞。為了避免賭盤開出後莊家或賭客不認賬，如果存在一個善意的能夠主持公道的第三者，一切就好辦了，例如股票交易所。

　　由於一個莊家必須面對多個玩家，可信賴度要比個別賭客大，所以一般賭局都會要求賭客先下注或押上一筆賭金。現在我們將小武與小偉的零和遊戲的方式，改變為：猜測者預付一個十元硬幣給對方；猜對了，拋銅幣的人付給他二個十元硬幣，反之預付的十元硬幣就飛逝了。讓隨機變數X代表猜測者贏的金額，

底下是它的期望值的計算過程：

$$p_r(X = 20) = 1/2，p_r(X = 0) = 1/2$$
$$E[X] = (20)(1/2) + (0)(1/2) = 10.0$$

上式X的期望值等於10元，等於賭注，這種賭注等於贏得金額的期望值的賭局，也是一種零和遊戲的變形，當然也是一個公平的賭局。

如果覺得丟擲一枚硬幣的遊戲太單調了，而決定使用了三枚相同一般硬幣當賭具，並依據出現人頭的數目X決定賠率。假設小武提議：投擲三枚硬幣出現三個人頭，我付你30元；出現二個人頭，我付你20元；出現一個人頭，我付你10元；要是一個人頭都沒有，你付我100元。如果你是小偉，你要接受這個遊戲規則嗎？為什麼？

首先，我們從投擲三枚硬幣的隨機試驗建立事發生的機率：

$$p_r（出現三個人頭）= (1/2) \times (1/2) \times (1/2) = 1/8$$
$$p_r（出現二個人頭）= 3 \times (1/2)^2 \times (1/2) = 3/8$$
$$p_r（出現一個人頭）= 3 \times (1/2) \times (1/2)2 = 3/8$$
$$p_r（一個人頭都沒有）= (1/2) \times (1/2) \times (1/2) = 1/8$$

然後，我們讓隨機變數X代表每把遊戲小偉的輸贏，根據題意X的機率函數：

$p_r(X = 30) = 1/8$

$p_r(X = 20) = 3/8$

$p_r(X = 10) = 3/8$

$p_r(X = -100) = 1/8$

接著，我們計算X的期望值

$E[X] = 30 \times 1/8 + 20 \times 3/8 + 10 \times 3/8 - 100 \times 1/8 = 20/8 = 5/2$

由於E[X] = 5/2不等於0，所以它不是一個公平的賭局，從機率與期望值的角度來看，小偉應該接受這種玩法因為平均每局可以淨賺2.5元。

現在我們依據事件出現機率設計一個公平賭局。機率的基本觀念定義告訴我們，假設一個事件e發生的機率$p_r(X = e) = p$，它的倒數1/p，相當於發生一次事件e，平均需要的隨機試驗的次數。如此出現三枚人頭的機率等於1/8，平均需要進行8盤賭局才會發生一次。如果賭局設計成為：出現三枚人頭時莊家付給玩家k個賭注金額s，否則玩家損失整筆賭本。如此，

p_r（出現3枚人頭）= 1/8

p_r（出現人頭數少於3) = 7/8

現在讓常數s = 單位賭注，k = 賠率，

p_r（玩家贏得k s）= 1/8

p_r（玩家贏得0元）= 7/8

由之前的說明，平均需要進行8盤賭局才會發生出現三個人頭的現象，這也是玩家贏得k個s的機會，所以當k = 1/p = 8才是公平賭局，因為任何一盤賭局贏得金額X的期望值等於s，其計算過程：

$$E[X] = (8\ s) \times (1/8) + (0) \times (7/8) = s$$

因此，以單位賭注來說，底下是一個公平賭局的設計：

p_r（玩家贏得 1/p 個賭注）= p
p_r（玩家贏得0元或損失整筆賭注）= 1 − p

同理，三枚相同一般硬幣當賭具的問題，平均需要進行8盤賭局才會發生出現3個人頭，平均需要進行8/3盤賭局才會發生出現2或1個人頭。底下的式子表示依據機率分配贏得幾個賭注s為隨機變數X的機率函數：

p_r(X = 玩家贏得8個s 或出現3個人頭）= 1/8
p_r(X = 玩家贏得8/3個s或出現2個人頭）= 3/8
p_r(X = 玩家贏得8/3個s或出現1個人頭）= 3/8
p_r(X = 玩家贏得8個s或出現0個人頭）= 1/8

$$E[X] = (8/1) \times s \times (1/8) + (8/3) \times s \times (3/8) + (8/3) \times s \times (3/8) +$$

(8/1)×s×(1/8) = 4 s。如此理論上每一局投注金額等於4個s，出現3個人頭時應該理賠8個s，出現2個人頭或1個人頭時應該理賠8/3個s，出現0個人頭時應該理賠8個s，如此設計才是一個公平賭局。

底下我們列出一般性的公平賭局，如果一個隨機變數X所有可能出現的k相斥的事件的機率分別為$p_r(X = s / pj) = p_j$, j =1, 2,..., k。當賭注等於k個s，s / p_j等於理賠的倍數，它就會是一個公平賭局。

有興趣依據機率設計一個公平的賭局嗎？試試計算梭哈遊戲的理論公平賠率吧！

敍述天氣狀況的經驗機率函數

利用人造物件譬如撲克牌、骰子與銅板等當成遊戲、賭博或其他隨機化的道具，無論是計數點數出現的次數或賠率，我們都有明確的樣本空間與事件空間，所以這類型隨機變數的機率函數都能夠被完整定義。但是對於一些自然現象例如某地區的天氣狀態，因為無法收集所有可能的觀察值，以至於不能完整定義晴天或雨天的隨機變數的理論機率函數，只能根據隨機樣本並堅守統計推論的程序進行分配適合度檢定（test of goodness of fit)，期望能夠找出一個合理描述這個隨機現象所有出象的隨機行為。

▶ 賣雨傘的小販依據每月晴雨平均天數訂定批購數量。

從氣象局網站，西元2003年至2007年每月之中沒有被觀測到雨跡（晴天）的日數如下表：

西元	一月	二月	三月	四月	五月	六月	七月	八月	九月	十月	十一月	十二月
2007	18	15	13	11	14	10	17	07	11	13	10	25
2006	10	10	12	11	08	11	16	19	10	18	11	16
2005	12	09	14	16	12	11	19	12	21	10	19	10
2004	15	21	15	18	14	14	16	15	11	15	20	14
2003	22	20	16	15	21	13	21	15	16	21	13	24

接著以次數分配表（frequency table）彙整如下：

晴天日數(x)	出現次數(f)	晴天日數(x)	出現次數(f)
7	1	17	1
8	1	18	3
9	1	19	3
10	7	20	2
11	7	21	5
12	4	22	1
13	4	23	0
14	5	24	1
15	7	25	1
16	6		

相對映的離散機率函數，

$$g(x) = 1/60, x = 7, 8, 9, 17, 22, 24, 25$$
$$= 2/60, x = 20$$
$$= 3/60, x = 18, 19$$
$$= 4/60, x = 12, 13$$
$$= 5/60, x = 14, 21$$
$$= 6/60, x = 16$$
$$= 7/60, x = 10, 11, 15$$
$$= 0.0, x = 其它數值$$

依據期望值符號的運算，在西元2003年至2007年間每月平均晴天的日數，

$$E(X) = \Sigma\ xi\ /\ g(xi)$$
$$= ((7 + 8 + 9 + 17 + 22 + 24 + 25)\times1 + 20\times2 + (18 + 19)\times3 +$$
$$(12 + 13)\times4 + (14 + 21)\times5 + 16\times6 + (10 + 11 + 15)\times7)\ /$$
$$60 = 866/60 = 14.77$$

　　計算結果顯示在這五年間，月份平均晴天的日數的期望E(X) = 14.77大約等於15天。由於資料範圍只是連續五年，它並不見得符合一組隨機樣本的假設，我們不可以就這個數值推論台北氣象站長期平均月份晴天日數等於15天的結論。

　　從氣象局網站的文件，西元2007年觀測有下雨跡象連續天數，共有59個連串（run），連續5、7、11與20天各發生一次，連續6天共發生兩次，連續8與10天各發生三次，連續4天共發生5次，連續3天共發生7次，連續2天共發生16次而一天之內雨就停了的出象共發生19次。

　　如果研究目的只在乎下雨延時天數，我們可以將它以離散變數處理，但是仔細思考後，使用連續變數表示時間的延時應該更為恰當。底下我們彙整氣象局網站資料，再使用直方圖與連續機率函數表示連續下雨天數的分配狀態：

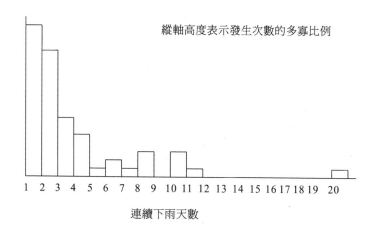

縱軸高度表示發生次數的多寡比例

連續下雨天數

直方圖：連續變數觀察值每一個分組的數值寬度與落入該區間的次數構成的矩形，依序相互連接的圖形。

$f_X(x) = 19/59, \; 0 < x < 1$

$\qquad = 16/59, \; 1 < x < 2$

$\qquad = 7/59, \; 2 < x < 3$

$\qquad = 5/59, \; 3 < x < 4$

$\qquad = 1/59, \; 4 < x < 5$

$\qquad = 2/59, \; 5 < x < 6$

$\qquad = 1/59, \; 6 < x < 7$

$\qquad = 3/59, \; 7 < x < 8$

$\qquad = 3/59, \; 9 < x < 10$

$\qquad = 1/59, \; 10 < x < 11$

$\qquad = 1/59, \; 19 < x < 20$

$\qquad = 0, \; x$ 落入其他數值範圍之內

依據連續變數期望值符號的運算，在2007年間連續下雨天數的期望值

$E[X] = \int x\, f_X(x)\, dx$，積分範圍從 $-\infty$ 至 $+\infty$，

$= (19 + 48 + 35 + 35 + 9 + 22 + 13 + 45 + 57 + 21 + 39) / (59 \times 2) = 2.91$

由於期望值大約等於3天，也就是根據台北氣象站的紀錄，西元2007年當年一旦開始下雨，平均延時大約三天。同上例的原因，這個期望值並不一種長期的特徵，只是收集資料期間的數據，因為資料集合未必符合隨機樣本的假設。

▶ 每天都在下雨，煩都煩死了！

計算投資組合的期望報酬

　　假設一位知名的理財專家提出未來一年景氣展望與股票、黃金與儲蓄等投資項目報酬率的相關資訊：當景氣上揚時，投資股票每單位的獲利率為25%，或報酬率等於1.25，投資黃金每單位的報酬率0.80，...，無論未來展望如何變化，儲蓄的報酬率都等於1.03，假設情境如下表：

景氣展望	股票	黃金	儲蓄
上揚	1.25	0.80	1.03
持平	1.05	1.00	1.03
下降	0.70	1.20	1.03

　　當有一位比較保守的趨勢專家看壞未來的經濟情況，他預測未來的景氣上揚與持平的機率都是等於0.3，而景氣下降的機率等於0.4。若以E1 = 景氣上揚，E2 = 景氣持平，E3 = 景氣下降，再以機率符號表示為：$p_r(E1) = 0.3$，$p_r(E2) = 0.3$，$p_r(E3) = 0.4$。如此在不同景氣情況下，各項投資品項的報酬率：

股票 = $(1.25) p_r(E1) + (1.05) p_r(E2) + (0.70) p_r(E3) = 0.97$，
黃金 = $(0.80) p_r(E1) + (1.00) p_r(E2) + (1.2) p_r(E3) = 1.02$，
儲蓄 = 1.03。

　　根據這些資訊，投資客應該選擇儲蓄以獲得最大的投資報酬率。

　　若另一位對於未來抱持比較樂觀，他預測$p_r(E1) = 0.7$，

$p_r(E2) = 0.2$，$p_r(E3) = 0.1$，那麼，各項投資品項的報酬率：

股票 = (1.25) $p_r(E1)$ + (1.05)(E2) + (0.70) $p_r(E3)$ = 1.155，
黃金 = (0.80) $p_r(E1)$ + (1.00)(E2) + (1.2) $p_r(E3)$ = 0.88，
儲蓄 = 1.03。

如果投資者比較認同這位樂觀的趨勢大師的看法，他就會投入較多的資金在股票與儲蓄。當然，如果投資者面對不同景氣預測，與投資標的報酬率的報導或有存疑，就必須自己做功課分析市場動態，並依據個人的冒險或投機程度，形成投資策略，以決定分配投資品項投入的資金。

等車時間的機率函數

每天早上搭公車上學的阿豪，利用最近學習的機率統計觀念，收集並記錄等車的時間以分鐘為單位：

5, 22, 13, 15, 6, 16, 8, 10, 11, 12

根據資料彙整的知識，他製作一個包含等車時間的區間與落入某個區間的次數的表格，稱為次數表（frequency table），表中[s, t]表示大於等於s小於t的數值區間；並繪製相對映的直方圖（histogram）與次數多邊圖（frequency polygon）（以直線連接直方圖各組中點，再延伸到假設的兩個端點，這些直線與橫坐標構成的多邊形）。

等車時間次數表

等車時間區間（分鐘）	次數
[2.5, 7.5)	2
[7.5, 12.5)	4
[12.5, 17.5)	3
[17.5, 22.5)	1

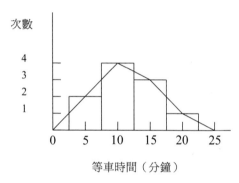

等車時間直方圖與次數多邊圖

接著他計算這個次數多邊圖包含的面積：

$$(5/2) \times (2 + (2 + 4) + (4 + 3) + (3 + 1) + 1) = 50$$

由於一個次數多邊形包含的面積必須等於1.0，如此構成這個多邊形的x的函數也就是f(x)才能成為一個機率密度函數，因為一個隨機試驗的所有互斥事件的機率和必須等於1.0。於是他將這圖形的高度除以50，然後計算在0至25分鐘的任何一個位置x的高度為f(x)，利用相似三角形的定理與算數運算，獲得等車時間

X的機率函數：

$f(x) = 0.008\,x$，當 $0 < x < 10$

$= 0.12 - 0.004\,x$，當$10 < x < 15$

$= 0.18 - 0.008\,x$當$15 < x < 20$

$= 0.1 - 0.004\,x$，當 $20 < x < 25$

連續隨機變數X的期望值

$E[X] = \int x\, f_X(x)\, dx$

$= \int_0^{10} x\,(0.008\,x)\,dx + \int_{10}^{15} x\,(0.12 - 0.004\,x)dx +$

$\int_{15}^{20} x\,(0.18 - 0.008\,x)\,dx + \int_{20}^{25} x\,(0.1 - 0.004\,x)\,dx$

$= 2.6667 + 3.6667 + 3.4167 + 1.0833 = 10.8334$

　　我們當然知道隨著觀察次數增加，等車時間的經驗函數與樣本期望值（期望中的等車時間）也會變化，因此要獲得比較穩定的期望值，他必須收集更多的觀察值，或者利用統計方法定義等車時間的理論分配函數。

　　假如記錄等車時間的活動（隨機試驗）的記錄，最大觀察值等於b分鐘，出現最多次數的時間等於c分鐘，資料彙整的術語稱為眾數（mode)，然後眾數到0分鐘與眾數到b分鐘都是呈現平滑的直線陡降，如此等車時間這個隨機變數X的機率函數f(x)符合一個三角形分配，高度等於2/b，寬度等於b，如下圖：

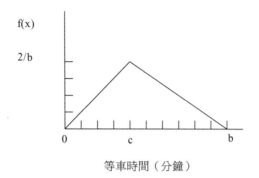

等車時間（分鐘）

三角形分配等車時間次數多邊圖

如此，相對映的機率函數：

$f(x) = 2 / bc\ x$，當 $0 < x < c$

$= 2 /(b - c) - 2x / (b \times (b - c))$，當 $c < x < b$

$E[X] = \int x\ f_X(x)\ dx = \int_0^c x(2/bc\ x)dx + \int_c^b x\ (2/(b - c) - 2x/(b(b - c)))dx$

$= 2c^2 / 3b + (b + c) - (2/3) \times (b^2 + bc + c^2) / b$

$= (b + c) - (2/3) \times (b + c) = (b + c)/3$

假設 $c = 10,\ b = 25$，那麼他期望中的平均等車時間等於

$E[X] = (b + c) / 3 = 35/3 = 11.6667$

如果他記錄的觀察值符合三角形分配的隨機樣本的定義（必須經過適合度檢定），這個期望值的穩定性一定會比之前使用經驗機率函數的結果高多了。

可怕的蔬果農藥殘留

　　民國100年食品藥物管理局執行市售及包裝場農產品，殘留農藥監測檢驗結果統計，上與下半年依次抽驗1069件與967件，結果分別有99件（9.3%）與100件（10.3%）不符規定。

　　以上數據可能提供一般民眾選購農產品的資訊，只要資料來源符合隨機樣本的假設。如此整年檢驗2036件中不符規定共199件，不合格率等於0.0977。假設我們力行每天5蔬果，一年365天至少吃進150件不合格蔬果的機率（使用常態分配計算的近似值）大於0.8，有點可怕吧！

選取蔬果有效資訊？

農產品殘留農藥
監測檢驗

老師：農產品殘留農藥監測檢驗結果統計，沒有提供民眾選取蔬果的有效資訊，只能提供農政單位施罰或要求農民改善而已

第六章
常見理論機率分配函數

　　對於自然現象我們必須收集觀察值構成一個隨機樣本，遵行統計推論的步驟，尋找適合這個隨機現象的隨機變數的理論機率函數，才能據以計算這個隨機現象出現某事件的機率。

　　本章我們省略統計推論的部分，僅僅說明數種最常見又有用的理論機率分配函數，包括常態、指數與三角形等三個連續隨機變數的密度函數，以及二項、幾何、負二項、均等與波氏等五個離散隨機變數的質量函數。另外介紹機率函數的延伸與應用：中央極限定理、二項與波氏分配的關聯、二項與常態的關聯、風險等。

　　從隨機樣本定義隨機變數的理論機率函數的統計推論，以利計算事件出現的機率，基本上是一種模式模擬方法的應用。

學生：颱風挾帶雨量符合常態分配嗎，難道雨量會出現負數的觀察值？
老師：雖然常態分配的數值可以散布在正與負無限大之間，但是颱風挾帶雨量的平均值遠大於0，因此常態變數仍然是一個好的模式。

理論機率分配函數

　　如果我們能夠計數一個隨機試驗的樣本空間，計算事件發生的機率只是簡單的集合與算術運算而已。但是從隨機現象的一組觀察值我們稱為樣本（sample），計算事件發生的機率，必須使用統計推論（statistical inference）技術定義一個用來描述產生這些觀察值的隨機變數的理論機率函數，詳細過程敬請參考統計書籍。因為直接根據樣本建立的經驗機率函數可能包含不規則性，且不可能包括未曾發生的觀察值。

　　統計推論的技術主要包括定義問題（define problem）、收集樣本（collect data）、彙整資料（summarize data）、定義樣本統計量（define sample statistic）的分配、參數估計（parameter estimation）與假設檢定（hypotheses testing）等。定義問題的要點包括目的、範圍與假設隨機模式等，以確定分析方向。統計推論的基礎建立在樣本的品質，也就是它必須符合隨機樣本（random sample）的假設，因此我們應該使用機率取樣設計（probabilistic sampling design）進行資料收集。如此，樣本中的每一個觀察值都是一個相同（identical）且獨立（independent）的隨機變數的實例（instance）。

如果無法使用取樣設計獲得一個隨機樣本，例如颱風雨量與風速等自然現象的觀察與記錄，我們應該檢定這一組觀察值序列的隨機性質（randomness），以及它們是否符合相同隨機變數的假設。使用適當的數值與圖表彙整資料，方便我們辨識樣本的特徵，也提供初步印證定義問題中的假設隨機模式。由於每一個觀察值都是一個的隨機變數的個案，而樣本統計量就是這些獨立且相同的隨機變數的函數，所以它當然是一個隨機變數。雖然只有某些樣本統計量的機率分配函數可以根據機率理論推導，稱為樣本分配（sampling distribution），但是唯有如此，模式化隨機現象的隨機變數的機率函數的未知參數才可以被估計，還有隨機變數的隨機行為的適合度也得以檢定。底下插圖彙整，從觀察或調查產生隨機現象的物件，收集這些物件的性質，利用統計推論形成離散或連續機率函數的過程。

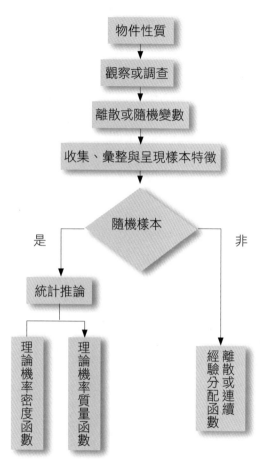

機率函數分類

新生嬰兒的體重

在營養保健書本與廣告台詞：「不要讓孩子輸在起跑點」的灌輸下，為人父母者無時無刻不在關心孩子的健康狀態以及未來的發展潛力，小孩出生時的屬性如體重與身長當然都是最重要的

指標。假設30位新生嬰兒的體重（公斤）紀錄如下：

3.6　3.4　2.2　3.2　2.4　3.1　2.9　3.5　4.1　3.3　2.6　3.1　3.4　2.9　3.2
2.5　3.8　4.3　3.5　3　　2.8　2.9　2.6　3.2　3　　2.9　3.3　2.9　3.4　3.2

如果將資料以組距（class width）= 0.5公斤分成五組，再製作對應的機率函數與使用微軟試算表函數（MS excel）我們將會得到一個直方圖（histogram）：

g(x) = 2/30, 2.0 <= x < 2.5

　　　 = 9 /30, 2.5 <= x < 3.0

　　　 = 13/30, 3.0 <= x < 3.5

　　　 = 4/30, 3.5 <= x < 4.0

　　　 = 2/30, 4.0 <= x < 4.5

　　　 = 0.0, x不在上述的任何數值區間

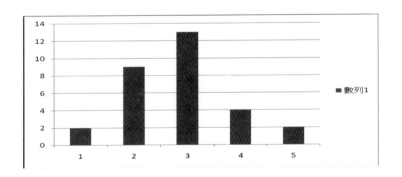

　　無論從機率函數或直方圖，嬰兒的體重大多集中在中間位置的數值區間，換個角度來說體重落入中央區間的次數很多，而往兩端延伸的區間發生的次數呈現規則性的遞減。

　　遺傳因素造成各別嬰兒的特徵，也許沒有甚麼爭議，但不是一個必然的結果，因為沒有人能夠預先確定。所以整體來說，我們可以使用一個隨機變數，代表新生嬰兒某項性質度量的出象。如果以隨機變數X代表初生嬰兒的體重，在已知它的機率函數的條件下，我們當然能夠計算隨機選取的某嬰兒他或她體重x出現在某數值區間的機率。

　　Baby 體重是 4500 克喔！

🔘 新手爸爸驕傲的向親友報告嬰兒的體重超標。

　　初生嬰兒的體重X，如果使用非常精密的尺度，理論上可以發生在一個數值區段之間的任何一個位置，所以它是一個連續隨機變數的假設合乎常理。

　　以今天記錄與儲存資料的能力，使用大量的觀察值建立X這個隨機變數的分配函數當然沒有太大的問題。不過我們還是只能獲得在記錄期間的分配函數，因為一旦增加個案這個分配函數就會跟著改變，也就是說我們只能獲得一個經驗機率函數。何況大多數人類關切的自然現象，根本無法獲得所有的觀測值，例如氣

團或颱風挾帶的雨量、兩地之間的旅行時間、與單位汽油消耗量的行車里程等。

由於無法記錄或存取隨機變數所有的觀察值，以及經驗母體本質的不規則性，機率統計學家選擇適當的數學函數，稱為理論機率函數，以描述隨機現象的分配行為。例如我們可以使用底下的機率函數描述初生嬰兒體重的隨機現象：

$$f(x; \mu, \sigma^2) = \frac{1}{\sigma\sqrt{2\pi}} e^{-\frac{(x-\mu)^2}{2\sigma^2}}$$

上式中的x＝初生嬰兒體重 X 的一個觀察值；參數μ（算術平均數，mean），σ（度量分散程度的標準差，standard deviation）都是常數，使用期望值符號μ＝E[X]，$\sigma^2 = E[(X - E[X])^2]$；在函數名稱f中，我們一般以分號區隔隨機變數的觀察值x與參數；exp(y)＝自然對數的底數e的y次方；π＝圓周率。底下是一些常態分配的曲線圖：

這個描述嬰兒體重的函數應用廣泛，因為自然界物件性質大多數具有相同的特性：大部分的觀察值出現在它們的算數平均數的附近，並且對稱性的越往極端偏離時出現的機會越小。例如人體的心跳次數與血液體積、人類的體形與智商、每年的降雨量、地球自轉與公轉一周的時程、電力傳輸到用戶的電壓等等。另外機率理論可以證明，任何一個隨機變數的隨機樣本長度趨近無限大，其觀察值的總合或算術平均數也是近似於這個函數的分配情況，因此專家們將這個最常用也最重要的數學函數稱為常態分配函數（normal distribution function）。

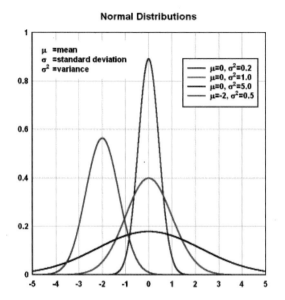

常態分配圖//網路圖片

　　當常態分配函數的參數μ,與σ為已知數或能夠經過統計推論的過程獲得時，它的分配行為就被完整定義。計算已知參數的隨機變數發生某事件，例如一個隨機選取的嬰兒體重介於a與b公克之間的機率，只是將f(x; μ, σ)由a到b的積分運算而已。

　　但是說來容易執行上卻有困難，因為無法使用傳統解析法積分這個函數，只能使用數值積分的技術進行運算。它將曲線下的面積依精確程度的需求細分為許多的小矩形，然後彙總全部小矩形的面積。這個辦法雖然可行，但是在人類計算設備與能力雙雙不足的時代，可不是一件容易的作業。因此數學家首先運用變數轉換的理論，設定變數$Z = (x - μ)/σ$，然後製作z曲線下數值區間(a, b) 的面積的表格。由於μ與σ都是常數所以Z還是一個與X相同

性質的常態隨機變數。除此之外Z另有非常漂亮的性質，那就是 $\mu = 0$，$\sigma = 1$。如此Z的分配函數沒有包含任何未知參數：

$$f(z) = \exp(-z^2/2) / \sqrt{(2\pi)}$$

將變數X轉換成 $Z = (x - \mu)/\sigma$ 的過程稱為標準化（standardization），Z就稱為標準常態變數。由於Z是一個以0為中心往兩端平滑下降的對稱曲線，當 $z < -3$ 或 $z > 3$ 時含蓋的面積很小幾乎可以忽略不計，因此只要能夠製作 $Pr(0 < Z < z) = $ 函數f(z)由0至z的積分，$z = 0, 0.01, 0.02, ...,3$ 的表格，計算任何常態變數出現某事件的機率就很容易。例如已知參數μ，與σ的常態變數X，透過標準化：

$$Pr(X > c) = Pr(Z > (c - \mu)/\sigma)，或$$
$$Pr(a < X < c) = Pr((a - \mu)/\sigma) < Z < (c - \mu)/\sigma)，$$

以今天的科技環境，自行撰寫電腦程式或使用網路上的軟體，計算常態機率對許多人來說可能不是問題，然而一般機率統計書籍附錄的表格常常是一個更方便的選項。

現在讓我們回到嬰兒出生時的體重問題，如果某地區嬰兒體重符合平均數等於3000公克，標準差等於500公克的常態分配的法則，一個隨機選出的嬰兒體重小於2500公克的機率：

$$Pr(X < 2500) = Pr(Z < (2500 - 3000)/500) = Pr(Z < -1) = 0.1587，同理任意選取的一位嬰兒超過4公斤的機率$$

Pr(X > 4000) = Pr(Z > 2) = 0.0228，界於2.8與3.3公斤的機率

Pr(2800 < X < 3300) = Pr(−0.4 < Z < 0.6) = Pr(Z < 0.6) − Pr(Z < −0.4) = 0.7257 − 0.3446 = 0.3811。

從精英俱樂部申請資格談起

許多學校使用新生訓練期間的智力測驗成績，進行能力或常態分班。能力分班很容易進行，只要將智商分數從大到小排序，再適當分割就可形成各班。這種分班的作法在相等權利義務的普世價值下顯得矛盾，但是為了因才施教的理念，也許是不得不接受的惡。常態分班看起來比較公平，不過有些困難度，如果依據智商成績的排名輪流分配到各班，也只有當入學新生整體的智商符合常態分配時，才是名符其實。分班的策略或立意當然不是我們討論的主題，這段文字只是為了將常態正名而已。

假設某大學今年錄取新生的智商分數呈現平均數110分標準差等於15分的常態分配，如果這所學校的精英俱樂部依據智力測驗的成績，預計由本年度2000名新生中吸收20名成為他們的會員，那麼智商分數多少才有入選的機會？

首先讓隨機變數X表示智商的得分，那麼任何一位新生獲得邀請的機率等於20/2000 = 0.01。接著從標準常態變數Z的機率分配，我們獲得

Pr(Z > 2.327) = 0.01，轉換後x = 110 + (2.327) (15) = 110 + 35 = 145，

相當於Pr(X > 145) = 0.01，所以智商分數達到145者，才能保證獲選，如果俱樂部的成員決定遇缺不補以維持他們引以為傲的品質。

精英之所以是精英，應該是除了能夠保持日常功課優良外他們還有餘力學習進階的學理。如果社團指導老師，出了一道題目：寫出一個演算法，計算只有一位理髮師的理髮店能夠準時下班的機率，假設她必須服務在下班之前到店的所有顧客，另外答案還要包括顧客到店或間隔以及服務顧客的時間等機率分配的假設與理由。老師估計作答時間符合平均數30分鐘，標準差等於8分的常態分配，在題意說明後開始計時，請問40分鐘之內，在50位精英中有多少人能夠完成作答？

「真討厭，顧客老是擠在我下班前才來！」

已知作答的時間X是一個常態變數，所以

$$Pr(X < 40) = Pr(Z < (40 - 30)/8 = Pr(Z < 1.25),$$

從標準常態機率表格Pr(Z < 1.25) = 0.8944，如此，大約90%的精英完成作答，或40人；大約10位同學在40分鐘後仍然埋頭努力解題。

本節敘述的常態變數的運用，應用範圍廣泛，例如輪胎、電池、還有大部分產品訂定保證條款的策略的依據。

蔬果農藥殘餘量超標比例

在抽驗36件現場製作飲料樣本中，真菌或大腸桿菌超量共有12件；在83件抽驗的新鮮蔬菜水果中，有6個樣本農藥殘餘含量超標；在25件抽驗的臘肉與香腸中，發現5件內含防腐劑，對於這些常見的新聞媒體報導，我們是否必須質疑，我們每天到底食用多少危害人體健康的化學或生物毒素？

「蔬菜農藥殘餘含量這麼高？真的還是假的？」

假如我們以p代表某類食品的合格率，應用集合的餘集（complement）觀念，不合格的比率等於q = 1 − p。這類物件性

質合格或不合格比率的研究與應用廣泛，機率統計用語稱為母體比率（population proportion）的問題。

以單一隨機試驗為例，我們首先定義一個隨機變數X代表物件檢驗合格的個數，如此檢驗任何一個物件只有兩種可能的結果，合格x = 1與不合格x = 0。假設全體物件也就是母體的合格率等於p，檢驗一項物件合格個數X的機率函數：

Pr(X = x) = p，假如x = 1，
$\qquad$ = 1 – p = q，假如x = 0，換個表示方式：

g(x) = p^x(1 – p)$^{1-x}$，x 等於 1或 0
$\qquad$ = 0.0，x 不等於 1或 0

同理檢驗不合格的物件個數Y，Pr(Y = 1) = q，的機率函數：

g(y) = q^y(1 – q)$^{1-y}$，y 等於 1或 0
$\qquad$ = 0.0，y 不等於 1或 0

上述兩個函數g(x)與 g(y)，它們的分配形狀類似，不同之處在於參數值。這類型的隨機變數只能產生兩種不同的數值，一般以0與1表示，這個特性符合柏氏分配（Bernoulli distribution）的規則。

讓我們回到現場製作飲料細菌含量超標的問題，毫無疑問一杯飲料細菌含量是否超過容許值，符合柏式分配的定義，因為檢

驗結果只有合格或不合格等兩種出象。假設p代表我們關切的全
體飲料（母體）的不合格比率，每杯飲料是否合格互為獨立事
件，如此3杯飲料的樣本空間包含$2^3 = 8$個簡單事件。如果以隨機
變數X代表3杯飲料細菌含量超標的數目，轉換這8個簡單事件到
0至3的數值點上，X的機率函數等於：

$$g(x) = (1 - p)3，x = 0，$$
$$= 3 p(1 - p)^2，x = 1，因為不合格飲料可以出現在3杯中$$
$$的任何一杯，$$
$$= 3 p^2(1 - p)，x = 2，因為合格飲料可以出現在3杯中的$$
$$任何一杯，$$
$$= p^3，x = 3$$
$$= 0.0，x 不等於0至3的整數$$

換個角度來看，隨機變數X等於3個相同（identical）且獨立
（independent）柏氏變數的總和，符合這個特性的變數的機率
函數，我們稱為二項分配（binomial distribution）。假設一個柏
式變數y= 1代表試驗結果出現我們關切的性質或事件它的機率等
於p，例如某人投擲籃球命中的事件的機率p = 0.8；y = 0代表試
驗結果出現相反的出象其機率等於1 - p，在n次重複相同且獨立
的柏式試驗，令X = n個y的總合，如此X符合參數n與p的二項變
數，它的機率函數：

$$g(X = x; n, p) = C(n, x) p^x (1 - p)^{n-x}，x = 0, 1, ..., n，式中$$

C(n, x) = 從n個物件隨機選取x物件的組合，n =獨立且相同柏氏試驗的總數，x = 我們所關切物件性質例如不合格的個數，p = 不合格的母體比率。這個函數稱為二項分配的名稱的來自C(n, x)等於展開二元變數$(x + y)^n$的多項式的係數。下圖包括兩個二項分配的條狀圖（bar chart）。

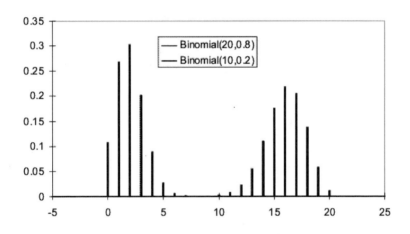

二項分配條狀圖//網路圖片

如此當一個隨機現象符合二項分配的規則，計算事件出現的機率只是公式的運算罷了。如果現場製作飲料母體細菌含量不合格的機率 = 1/3，每個星期飲用5杯者，至少吞下一杯不合格飲料的機率：

Pr(x >= 1) = 1 – g(x = 0) = 1 – $(1 – 1/3)^5$ = 1 – 32/243 = 221/243 > 0.9，同裡

至少吞下二杯不合格飲料的機率：

$$Pr(x >= 2) = 1 - g(x = 0) - g(x = 1) = 1 - (1 - 1/3)^5 - 5 (1/3) (1 - 1/3)^4$$

$$= 1 - 32/243 - 80/243 = 1 - 112/243 = 1 - 0.46 = 0.54$$

> 天阿！

> 真夠猛，還敢喝？
> 新聞報這家的飲料
> 細菌含量超標！

新聞報這家的飲料細菌含量超標，你還敢喝喔！

國父孫中山先生任何一次革命成功的機率

　　國父領導革命每一次的背景與時機當然不盡相同，不過結果還是只有兩種成功與失敗，是一個柏氏變數。現我們讓柏氏變數 X = 1與0代表成功與失敗。如果我們假設每次起義是否成功都是獨立且同一成功機率p的柏氏變數，然後讓隨機變數X等於連續柏式試驗的次數，而在第x次的試驗才獲得第一次成功的機率可以表示如下：

$$Pr(X = x) = (1 - p)^{x-1} p，x = 1, ... ∞。$$

　　上述數學函數是一個機率函數，因為$Pr(X = x) >= 0$，當$x = 1, ... ；$又

$$Pr(X = 1) + ... + Pr(X = \infty) = p(1 + (1 - p)^1 + ... + (1 - p)^{\infty}) = 1.0，$$

這個數學函數被稱為幾何分配（geometric distribution），因為$(1 - p)^0 + (1 - p)^1 + ... + (1 - p)^{\infty}$，它是一個幾何級數。

現在我們利用簡單的例子說明幾何分配的變數X出現某一個事件的機率：某人站在罰球區投擲一顆籃球，根據以往紀錄任何一次他投籃命中的機率p = 0.8，若他至少投擲3次才會第一次命中的試驗符合幾何分配：

$$\begin{aligned} Pr(X >= 3) &= 1 - Pr(X = 1) - Pr(X = 2) \\ &= 1 - 0.8 - (0.2)(0.8) \\ &= 1 - 0.8 - 0.16 = 0.04。\end{aligned}$$

機會很小只有百分之四，所以他應該不用經過兩次的失敗才能第一次能命中。

▶ 讓我贏一把大的吧！

　　從小老師就告訴我們，國父革命經過10次失敗才革命成功，假設隨機變數X等於失敗的次數，p等於任何一次革命成功的機率，根據幾何分配10次失敗正好在第11次完成革命大業的機率的計算式：

　　$Pr(X = 11) = (1 - p)^{10} p$，而失敗次數不超過10次的機率等於：

　　$Pr(X <= 10) = p + p (1 - p)^1 + ... + p (1 - p)^{10} = 1 - (1 - p)^{11}$。

　　如果終於就要成功的機率等於0.99，或$(1 - p)^{11} = 0.01$，則任何一次革命成功的機率p大約等於0.34。如果當時國父估計至多10次失敗就能起義成功的機會只有六成，那他任何一次革命成功的機率p還不到0.05。這個例子的啟示：就算是任何一次成功的機會很小，只要不斷的嘗試總有成功的一次，可見有志者事竟成的俗語，一點也不假。

蘋果越選越小

　　到賣場揀選幾顆水果，譬如蘋果5顆100元的促銷活動，老是感覺越選越小，一點也不是一個陌生的經驗。因為大多數的人們一開始看準又大又漂亮的果實，挑了幾粒以後，東挑西選的過程總是覺得剩下的一大攤水果都不如之前選出的品質。讓我們換個方向思考，如果每顆水果被某顧客選取的機會都是相同相等，在選出滿意的k顆之前他總共檢視的數量等於x，那麼隨機變數X就

會符合負二項分配的機率規則：

$$g(X = x; k, p) = C(x - 1, k - 1)\, p^k (1 - p)^{x - k}，x = k, k + 1, \dots，\infty$$

式中C(x − 1, k − 1)等於從x − 1個可區別的物件隨機選取k − 1物件的組合，它的名稱來自g(X = x; k, p)的係數等於$(1/p - (1 - p)/p)^{-k}$展開式的序列係數。讀者們應該可以看出來，上一節介紹的幾何分配只是負二項分配k = 1的特例。經過一些代數，g(X = x; k, p) = (k/x) h(k; x, p)，h(k; x, p)等於二項分配的機率，因為

$$C(x - 1, k - 1) = (x - 1)! / ((k - 1)!(x - k)!)$$
$$= (k/x)(x! / (k!(x - k)!)) = (k/x)\, C(x, k)。$$

如此方便我們利用二項分配的機率表格計算負二項分配的機率。

回到揀選5顆蘋果的問題，如果滿意隨機挑選一顆機率p = 0.4，那麼總共檢視恰好15顆的機率：

$$g(15; 5, 0.4) = (5/15)\, h(5, 15, 0.4) = 0.1859 / 3 = 0.062，$$

檢視少於等於15顆的機率Pr(X <= 15) = Pr(X = 5) + Pr(X = 6) + ... + Pr(X = 15)，計算過程有點瑣碎，儘管如此Pr(X = 5；5, 0.4) = (5/5) h(5, 5, 0.4) = 0.0102，...，Pr(X = 14) = 0.0738，因此Pr(X <= 15) = 0.7827還不到八成。對於比較龜毛或細心的顧客p必然更小，必要檢視的物件數量當然更多。

富士蘋果大特價

咦，這顆好像比剛剛那顆小？

　　這個例子告訴我們為什麼上街購物花費不少時間，尤其高價位的商品當然更須仔細挑選而檢視耗時，不過如果這個過程本身就是一種享受，那就另當別論了。

不常到課的學生人數

　　不喜歡教師授課方式或內容不符期望，認為這們課程不重要，學習意願不高、或其它藉口，學生到課人數降低早已不是新聞。學校這麼多，入學容易，如果這個現象只有發生在資源不足或招生困難等學校，並不會造成太太的問題，因為一個社會本來不存在、也不須要太多的精英。不過在聯考制度下那些金字塔頂端學校的學生修課態度也是一樣的話，問題就大條了。因為不著重學習過程、沒有養成求知的習慣、沒有充實知識，這樣的環境能夠造就什麼優良的人才！這些問題就留給教育行政的主管、專家與學者們去傷腦筋了，我們關心的是如何計算缺課學生人數發生的機率。

課堂上，學生們心不在焉的上課。

　　某些隨機現象，例如公司行號訪客人數、確定或完成交易量、十字路口闖紅燈件數、颱風侵襲的次數或屋內蚊蟲數量等，雖然情境不同，但是從發生的角度來說，大多集中在某幾個數值，其他次數或頻率發生的機會較小。這類度量單位時間或空間，出現同一種事件的次數極有可能符合波氏分配（Poisson distribution）的機率法則。一個波氏變數X的機率分配函數與圖形表示如下：

$$g(X = x; \lambda) = \exp(-\lambda)\,\lambda^x/x! \; , \; x = 0, 1, ... \infty ,$$

$\exp(y) =$ 自然對數的底數e的y次方；$\lambda = E[X]$，也就是X的期望值；

階乘$x! = x(x - 1)(x - 2) ... 1$。

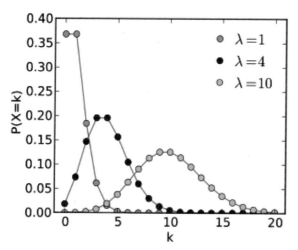

　　假設某學校附近的路口，每次信號燈轉換闖紅燈件數X符合波氏分配，如果某基金會的統計檔案顯示X的平均數也就是期望值等於3件，計算隨機選取的一次號誌改變闖紅燈件數x ＝ 任何整數的機率，只是查閱波氏分配機率表格的簡單作業。例如這個路口任何一次號誌改變，闖紅燈件數x ＝ 2的機率：

　　Pr(X = 2; λ = 3) = g(2; 3) =0.2240，同理，大於等於3件的機率：

　　Pr(X >= 3) = 1 – g(0; 3) – g(1; 3) – g(2; 3)
　　　　　　　 = 1 – 0.0498 – 0.1494 – 0.2240 = 0.5768

這麼高的機率，家長們不會耽心嗎？還有，更嚴重的是：許

多大學教授認為傳授課程專業知識才是他們的正業；在普遍低落的學習素質下，無法提升學生上課出席率也無力導正他們的修課態度，也為了避免衝高退學人數，根本無法嚴格考核學習效果。如果有一門研究所課程，學生到課人數符合波式分配的法則，又已知平常出席人數大約是3位，如此，隨機選取的一堂課恰好一位學生出席的機率$Pr(X = 1; \lambda = 3) = g(1; 3) = 0.1494$，出席學生人數不足兩名的機率$Pr(X <= 1; \lambda = 3) = 0.0498 + 0.1493 = 0.1991$。在這個假設下，將近兩成的機會，出席的單一學生擁有接受1對1的最佳學習環境，真是一位幸運的學生！

波氏分配有一個重要的應用，它可用來計算n很大而p很小的二項變數落在某數值點的機率的近似值。例如計算某新兵訓練中心開訓典禮的6000位入伍生當中15人不堪炙熱久站而昏倒的機率，我們首先必須計算$C(6000, 15)$，又假設任何一位入伍生在典禮中昏倒的機率等於0.002，我們還要計算$(0.002)^{15}(0.998)^{5985}$，這些繁瑣的計算工作能夠大大簡化，如果我們知道二項變數與波氏分配的關聯。

由機率極限分配（limiting distribution）理論，當n趨近無限大，參數（n, p）的二項變數X發生x的機率，等於參數（$\lambda = np$）波氏變數Y發生x的機率，所以

$Pr(X = 15; 6000, 0.002) = Pr(Y = 15; 12) = 0.0724$，是一個很好的近似值。同理昏倒的入伍生不會超過5人的機率：

$Pr(X <= 5; 6000, 0.002) = Pr(Y <= 5; 12) = 0.0203$。機率好小，看來主辦單位必須分派好多應變的資源。

無限大的n在實際上當然沒有意義，一般應用波氏分配計算二項分配的必要條件包括，$n > 20$且$p < 0.05$。

交通事故死亡人數統計

　　瀏覽網路上交通事故統計，民國90年到98年警政署的紀錄每年平均約2700人死亡，衛生署的數據更恐怖超過4000人，為甚麼相差1.5倍以上，不曉得是否因為認知標準不同而有如此的不同調，總之數量之大真是嚇人，兩部門公布的數據差異之大也令人詫異。比較SARS，新流感或腸病毒不成比例的死亡人數與政府付出的代價，宣導與因應交通安全的措施，還有很大的改善空間吧！

　　假設某地區車禍死亡平均每星期1人，如果最近十個星期交通事故死亡人數依序為1, 2, 4, 1, 0, 3, 2, 1 , 0, 2。根據這些紀錄，我們可以斷定這十個星期交通事故死亡人數是一種異常現象嗎？

　▶ 看，如果不遵守交通規則，就容易發生車禍！

　　敘述單位時間重複發生某一種事件的次數，波氏分配本來就是一個合理與可能的初步假設。如果經過統計推論的步驟，每星

期交通事故死亡人數構成符合參數λ = 1的波氏隨機變數的隨機樣本並沒有顯著的矛盾。再依據波氏分配的定義：在不互相重疊的時間區段事件發生的次數相互獨立，我們可以建立一個新的隨機變數X = X1 + X2 + ... + X10，等於10參數λ = 1的波氏變數的總和，或X等於一個參數λ = 10的波氏隨機變數，又從波氏分配機率表

Pr(X > 15) = 0.048，機率很小將近每20次才會發生一次這種結果，因此我們可以合理的陳述：這地區最近十個星期交通事故死亡人數大於15是一個異常現象。

病患送達急診室間隔時間

吵雜的急診室，擠滿病患、看護與焦急不堪的家屬，志工、護士與更少數的醫生忙進忙出的情景，對於任何人都是一個可怕的經驗。尤其夜間急診沒有志工，照護百來位病患的除了陪伴的家屬與看護外，僅有數位問診醫生與給藥護士，我們不盡疑問這是已開發的國家百姓應該承受的醫療體制嗎？

也許是我們體弱多病，或心理建設不足而濫用健保資源，這些沒有爭議的事實並不是短時間可以改善的。解決這個問題，必須仰賴政府長遠的提升一般民眾保健身心健康的知識的教育目標與方法，短期可以奏效的措施應該訂定醫護人員設備與病患人數的合理比率，然後確實督導。

不是只有醫院，任何政府機購、大型公司客服中心與顧客、員工業務量配置等等無不追求一個合理比率。一般來說，這個比率的訂定之前至少必須了解交易到達間隔時間與每筆交易處

理時間，規劃工程師才能計劃在回應時間的需求下，處理交易的組織設備人員等資源的配置。

　　如果我們使用隨機變數代表每筆交易處理時間與交易到達間隔時間的隨機性，統計專家就可以運用正確的推論流程，建立這些隨機變數的理論機率分配函數。然後系統分析師使用這些函數與系統模擬的技術，進行各種因素組合場景的推演，再將數據遞交管理者使得他們更加了解種種策略的效果。

　　事件發生的間隔時間，或交易到達的間隔時間的隨機變數X的隨機行為，通常符合我們稱為指數分配（exponential distribution）的機率函數，如插圖。

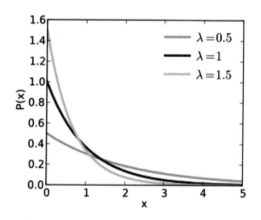

▶ 指數分配圖//網路圖片

　　一個指數變數參數$\lambda = E[X]$的機率函數：

　　$f(x; \lambda) = \exp(-x/\lambda)/\lambda$，$x > 0, \lambda > 0$，$\exp(y) =$ 自然對數的底數e的y次方

　　假設一家休閒鞋專賣店，顧客到達的間隔時間X符合平均數λ = 30分鐘的指數分配，計算各事件發生的機率只是積分的運算。例如一位顧客上門後經過不到40分鐘就要接待另一顧客的機率：

　　Pr(X < 40) = ∫ f(x; 30) dx，積分的範圍為0至40；透過積分運算，已知

　　∫ f(x; λ) dx = 1 – exp（–x /λ)，所以

　　Pr(X < 40) = 1 – exp(–40/30) = 1 – 0.26 = 0.74，同理50分鐘之內等不到下一位顧客的機率：

　　Pr(X > 50) = exp(–50/30) = 0.19，下一位顧客進門的時間介於20至35分鐘之間的機率：

　　Pr(20 <X < 35) = exp(–20/30) – exp(–35/30) = 0.51 – 0.31 = 0.2。

　　交易處理時間或事件的延時是否也是指數變數的假設比較有爭議，必須進行機率分配適合度（goodness of fit）的統計推論以尋找最佳機率模式。一旦確定，等待線理論（queuing theory）模式的模擬，可以提供管理者，顧客、人員與設備等各種組合條件的顧客等待時間、設備使用率或數量與服務人員工作狀態等隨機變數的機率規則的資訊。

指數變數有一個蠻特別的性質，根據條件機率

$$Pr(X > t + s \mid X > s) = Pr(X > t + s, X > s) / Pr(X > s)$$
$$= Pr(X > t + s) / Pr(X > s)$$
$$= exp(- t /\lambda) \text{。}$$

如果一種電子設備的使用壽命符合指數分配的規則，在使用一段時間後，它剩餘的使用壽命t，如上式t與之前使用過的時間長度s無關，這個性質稱為無記憶性（memory less）。要是一般家電的使用壽具有無記憶性，或在使用過程不會出現磨損或疲乏，那麼在它壽終正寢之前，任何一次啟用就如同新品一樣可靠。

熱中彩券明牌的下場

以小博大購買彩券簽中大獎一夕致富的報導時有所聞，因為全球各地幾乎每天都在開獎。彩券迷人之處在於廉價投資而報酬率超高，特別是如果幸運中了頭彩。因此使用各種方式，求神拜佛、公式推導與電腦算牌等推斷明牌的招術不勝枚舉。除了祈求神明眷顧外，其他各種預測方法應該都是建立在搖獎號碼呈現某種規則的假設上。

投注站裡，賭徒們討論明牌。

　　中獎號碼或許與季節、天候、星象、八字、福報與時事等高度相關，沒有深入研究之前我們不敢妄下結論，當然我們可以進行統計分析了解明牌的準確性。本節我們將從機率的角色提出一些看法。

　　我們知道樂透數字包括1到N的整數序列，如果開獎設備與彩球沒有經過變造，隨機搖出任何號碼的機率應該相同等於1/N。若以隨機變數X代表開獎數字，它的機率規則將會符合離散均等分配（discrete uniform distribution）：

$g(X = x) = 1/N, x =1, 2, ... ,N$。

　　如果我們能夠利用連串檢定（runs test）以及適合度檢定（goodness of fit）等統計推論的技術，證明中獎號碼組成一個符合均等分配（如插圖），那麼任何中獎數字只是X的一個實例（instance）。當每一個數字或組合隨機出現且機率相等，我們

如何相信任何演算法的可靠性？

　　由於投資公益彩券的回收期望值只有25%，相信任何演算法明牌逕行大量投注的下場就很悲慘了。

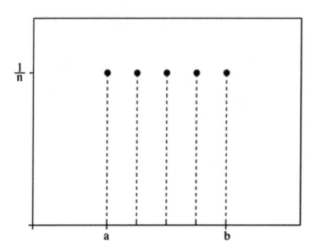

$\frac{1}{n}$

a　　　　　b

▶ 均等分配//網路圖片

發生全月蝕的機率

　　在科技進步的今天我們都知道月蝕是一種自然現象，根據太陽、地球與月亮運轉的相對位置科學家計算每年發生一次全月蝕的機率等於0.688，以及每100年最少發生58次，最多90次，平均69次。那麼在100年間發生幾次算是合理或正常，次數多少算是異常？

命理師：今晚全月蝕，農民曆的大兇日，出門要小心。

　　之前我們也曾經說明度量出現一個隨機事件是否合理，可以根據它發生的機率，但先決條件是我們必須能夠定義描述這個隨機現象的隨機變數的機率分配函數。100年間事件發生幾次的隨機現象，粗略看起來單位時間事件發生的次數好像符合波氏分配的法則，不過波氏變數的範圍從0到無限大，因此它不是一個適合代表我們關切的隨機現象的模式。

　　一個三角型分配機率函數有三個參數，隨機變數的最小值a，眾數m與最大值b，這三個參數與我們僅有的資訊相當吻合，所以它可能是一個恰當的模式。下圖是一個典型的三角型分配：

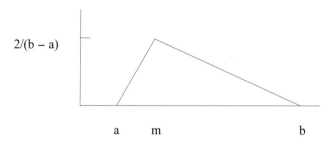

▶ 三角型分配機率函數

從相似三角型定理，我們可以獲得相對應的機率函數f(x)以及累積機率函數Pr(X < x) = F(x)：

f(x) = 2(x − a) /((b − a)(m − a)), a < x < m

　　　= 2(b − x) /((b − a)(b − m)), m < x < b

　　　= 0.0, 其它x數值

F(x) = 0.0, x < a

　　　= (x − a)^2 / ((b − a)(m − a)), a < x < m

　　　= (m − a) / (b − a) + (x − m) (2b − m − x) /((b − a)(b − m)), m < x < b

　　　= 1, x > b

有了累積機率分配函數，我們當然可以計算所有關切的事件發生的機率，只要它沒有包含任何未知參數，很明顯的我們並沒有定義m。還好利用期望值的運算μ = E[X] =∫x f(x) dx = (m + a + b) / 3，積分範圍（−∞, ∞）。

從問題的資訊a = 58，b = 90，μ = 69，計算m = 3×69 − 58

－ 90 ＝ 59，將已知參數代入累積分配函數得到：

$F(x) = 0.0, x < 58$

$\quad = (x - 58)2 / 32, 58 < x < 59$

$\quad = 1 / 32 + (x - 59)(121 - x) / (32 \times 31), 59 < x < 90$

$\quad = 1, x > 90$

如果我們去除兩端的25個百分點，獲得的區間為100年間全月蝕合理的次數，我們必須計算$F(x) = 0.25$與$F(x) = 0.75$，經過簡單的運算與四捨五入，

滿足$F(x) = 1 / 32 + (x - 59)(121 - x) / (32 \times 31) = 0.25$的 $x = 63$，而

$F(x) = 1 / 32 + (x - 59)(121 - x) / (32 \times 31) = 0.75$的 $x = 74$，如此

100年間出現63至74次全月蝕被視為合理，因為達到百分之50的機會。

一年之間出現x天降下大雨或以上的機率

任何一天之間是否下雨的隨機現象，我們可以合理的定義隨機變數$X = 1$表示觀測出下雨跡象，$X = 0$表示沒有；然後我們再令$x = 1$的機率等於p，$x = 0$的機率等於$q = 1 - p$。讀者們可以容易的了解X是一個柏氏（Bernoulli）變數，因為它只有兩個可能$x = 0$或1。

以最近十年台北氣象站逐日雨量資料，隨機選取的一天下雨

（偵測出現雨跡）的機率p大約是0.5，利用二項分配計算任何一星期之間至少三個下雨天的機率等於0.7734，或一星期中每天下雨或都沒有下雨的機率等於0.0078，這些機率的計算工作一點也不複雜。但是利用二項分配計算一年之間發生大雨或以上（一天中累積雨量達到50毫米，它發生的機率很小大約只有0.0271)的天數的機率來說，可就有點麻煩了，例如計算n = 365天之間x天發生大雨或以上的機率

$Pr(X = x) = C(365, x)(p^5)(1 - p)^{360}$，我們不但要計算從365物件中隨機取出x個的組合，還要計算0.027的5次方，以及0.973的360次方！

還好不須要那麼辛苦，當二項變數的母體比例p很小，我們可以利用波氏分配計算二項分配的近似值，這個波氏機率函數的參數$\lambda = np = (365)(0.0271) = 9.89$。為了方便計算我們使用$\lambda = 10$，如此在365天之間發生大雨天數X的機率，

$Pr(X = x) = g(x; 10) = e^{-10}10^x / x!$。所以

$$Pr(X = 0) = e^{-10} = 0.0000，Pr(X = 1) = 0.0005，Pr(X = 2) = 0.0023，....$$
$$Pr(X <= 3) = 0.0104, Pr(X >= 18) = 0.0134$$

另外利用中央極限定理我們也可以使用常態分配計算二項分配的近似值，這個常態機率函數的參數$\mu = np = 9.89$，$\sigma^2 = np(1 - p) = 9.62$，$\sigma = 3.1$。再利用

離散的二項變數Pr(X = 1)與連續的常態變數的轉變調整

$$Pr(x <= 1) = Pr(z < (1 - 9.89) /3.1)$$
$$= Pr(z < -2.86) = 0.0021$$

同理

$$Pr(X <= 3) = Pr(z < (3 - 9.89) / 3.1) = Pr(z < -2.2225) = 0.0132$$

上述使用常態分配計算二項分配的近似值的理論根據在於：每日累積雨量是（X = 1）否（X = 0）達到50毫米是一個柏氏變數且P(X = 1) = p，所以一年365天日累積雨量達到50毫米的天數Y，根據中央極限定理它是365個參數等於p的柏氏變數的和，所以Y是一個平均數μ = 365 p與變異數σ^2 = 365p(1 - p)的常態隨機變數。

一般來說，當二項分配的平均數μ = n p與變異數σ^2 = n p(1 - p)幾乎相等時，依據大數法則，參數λ = n p的波氏機率函數可以計算相當不錯的機率近似值，因為波氏變數的μ與σ^2都是等於λ。又當二項分配的平均數μ = n p與變異數σ^2 = n p(1 - p)都是大於等於5，常態機率函數也能提供實用的機率近似值。以台北氣象站的大雨紀錄，都能滿足使用波氏與常態等兩個機率函數的條件。

中央極限定理（central limit theorem）：假設X1, X2, ..., Xn 是一組相互獨立且有相同的平均數μ與變異數σ^2的隨機變數，當n 驅近無限大時，Y = X1 + ... + Xn近似於一個平均數等於n μ，變異數等於n σ^2的常態隨機變數。

磁磚破裂數量合理嗎？

　　小李開源節流了好多年好不容易存下自備款項，三年前興奮的搬入地板鋪滿磁磚的新屋，但是隨著磁磚破損的數量越來越多，感覺磁磚的品質好像不如廠商的廣告：三年保證期間之內，非人為因素任何一片磁磚損壞的機率小於0.5%。遇上這種情形，我們如何判斷廠商廣告是否屬實，損壞磁磚超過幾片就該向廠商索賠？

▶ 看到磁磚破損數量越來越多，好傷心。

　　一片磁磚在保證期間是否損壞，只有兩種可能的出象，毫無疑問的它是一種柏氏試驗，假設每片瓷磚的品質互相獨立，那麼房屋內的磁磚損壞數量就是一個符合二項分配的隨機變數。如此，一間房屋鋪設1000片瑕疵率等於0.005的磁磚，在保證期間內破損的數量X等於x的機率等於

　　$Pr(X = x) = g(x; 1000, 0.005) = C(1000, x)(.005)^x(0.995)^{1-x}$，而

　　$Pr(X >= x) = \Sigma g(x; 1000, 0.005)$，加總範圍x = x, x + 1, ...,

1000。

接下來的問題是，如何訂定 $Pr(X >= x) = α$ 的界線？這個界線當然是一種主觀意識，如何在客戶與廠商之間達成一個共識？站在客戶的立場，$α$ 越大越有利，因為增加求償機會；然而廠商被冤枉的機會卻變大。原因是 $α$ 越大，x 必須更小，也就是說較少的 x 就能要求賠償。一般來說，不要過分冤枉被質疑者，類似無罪推論的前提，實務上大都採用 $α = 0.05$。

雖然可以開始計算 $Pr(X >= x)$，但是我們碰到一些煩雜的計算過程，方法之一就是利用近似值求解。由於 X 的期望值 $μ = np = 5$，變異數 $σ^2 = 5 (0.995) = 4.975$ 幾乎相等，所以參數 $λ = 5$ 的波氏分配應該是一個合理的選擇。如此，

$Pr(X >= x) = Σg(x; 5)$，$x = x, x + 1, ...$

從波氏分配機率表格 $Pr(X >= 9) = 0.068$，$Pr(X >= 10) = 0.032$，當 $α = 0.05$ 破損磁磚只有10片左右，如此當保證期間之內破損磁磚達到10片或更多，客戶有權要求廠商賠償，實際發生冤枉廠商的機會大約3.2個百分點。

如果我們採用常態分配求取近似值，這個隨機變數 X 的參數平均數 $μ = np = 5$，變異數 $σ^2 = np(1 - p) = 4.975$，

$Pr(X >= x) = Pr(Z > (x - 5)/2.23) = 0.05$，從標準常態分配機率表格

$1.645 = (x - 5)/2.23$，$x = 5 + (1.645)(2.23) = 8.67$，大約9片。

　　與之前波氏分配的近似方法的結果相差一片，原因是我們的問題些微不符使用常態計算機率的假設（平均數與變異數都要大於等於5），另外以離散與連續變數的轉換也會造成差異。如果我們加上調整因素將離散的Pr(X >= x)表示為連續的Pr(X > x - 0.5)，x = 9.17，比較接近波氏分配的近似值。

智者千慮必有一失

　　俗語說智者千考慮必有一失，如果每次智者的決策結果只有成功或失敗兩種，若以隨機變數X等於1表示失敗，0表示成功，X就是一個參數$p = 0.001$的柏氏變數。

　　假設這位智者每次面臨問題，他都能互相獨立思考且訂定正確決策的機率也相同，如果任何一次決策結果失敗的機率$p = 0.001$，那麼100次的決策成功的機率等於$0.999^{100} = 0.9047$。換個角度來看在這100次的試驗，至少一次決策失當的機率高達$1 - 0.9047 = 0.0953$將近10%。

　　如果氣象局預估颱風挾帶雨量或大雨特報，正確性達到90%，那麼任何10預報都是成功的機率只有$0.9^{10} = 0.3487$，而至少有一次失誤的機率等於$1 - 0.3487 = 0.6313$，超過六成的機會。又一般人對於專家的預測大都付與高度的期待，對於不準確的預報常常大聲抨擊。以天氣預報的例子來看，十次預報至少有一次或以上失準的機率這麼高，我們是否不必苛責專家，要求他們百無一失。

▶ 氣象預報失真，颱風假風輕雨小，逛百貨公司去。

　　風險在不同學科的定義大不相同，在此我們定義風險
（risk，r）等於n次試驗發生至少一次發生某種事件的機率。如
此智者千慮必有一失以及氣象預報失準的機率，都是風險的應用
例子。假設一個隨機變數X出現某事件，例如某條河川任何一年
水位X超過x的機率p = 0.01，以時間坐標的角度來說相當於平均
每百（T）年才會發生一次，T = 1/ p，它稱為重現週期（return
period）。底下我們利用風險的觀念說明河堤高度或排水溝容量
的設計原理。

　　從T與r的定義，我們獲得r = 1 − (1 − 1/T)^n，假設我們要求n
= 20年間河川水位超過堤防高度的風險r必須在0.10之下，經過計
算T大約等於200年。在這個條件下堤防高度x必須滿足Pr(X > x)
= 0.005。如果我們要求更長時間的保障或更小的風險，堤防高
度就必須增高，這就是為什麼流經大都市河川的沿岸堤防高度超
出平常時期河川水位好多的原因。

最近常常下雨，異常嗎？

　　下雨天撐傘擋雨，走在濕搭搭的地面有夠煩人，尤其連續幾天濕冷時，許多人不盡抱怨：反常（異常）的氣象真令人受不了。而我們的問題是如何度量一個自然現象是否異常？

▶ 有夠煩人，天天下雨。

　　一個自然現象是否正常或可以歸類於異常，應該是一種個人的感受可能無關緊要。但是對於政府各級的防災單位，甚或賣便當與雨傘的街頭小販、計程車司機或擔心淹水的低窪地區的民眾，累積下雨體積或天數等現象，就是保住官位與百姓能否正常生活的重要資訊。

　　如果我們可以利用隨機現象出現的機率當成是否合理的依據，又假設我們關切任何一天雨量是否超過50毫米的自然現象，如台北氣象站的紀錄日雨量超過50毫米的機率等於0.0271，$\mu = np = 9.89$，$\sigma = \sqrt{np(1-p)} = 3.1$。那麼一年之間下雨天數X超過x的機率以常態分配表示為

$Pr(X > x) = Pr(Z > (x - 9.89) / 3.1)$，假設我們讓x = 15天，那麼
$Pr(X > 15) = Pr(Z > (15.5 - 9.89) / 3.1) = Pr(Z > 1.8) = 0.036$，

這是任何一年發生15次或以上日雨量超過50毫米的機率，大約每28年才會有一年發生的現象，應該屬於異常吧。換個角度如果我們定義一年之間日雨量超過50毫米屬於正常或合理的天數界於平均值的正負25個百分點之間，也就是

$Pr(x1 - \mu < X - \mu < x2 - \mu) = 0.50$，或
$Pr(z1 < Z < z2) = 0.50$，如此
$Pr(z1 < Z) = 0.25$以及$Pr(Z < z2) = 0.75$，從標準常態機率分配
$z2 = 0.676$，$z1 = -0.676$所以，
$x2 = 9.89 + (0.676) (3.1) = 11.9856$，$x1 = 7.7944$

這個結果顯示每年發生大約8至12次日雨量超過50毫米的機率，約為0.5，比較合理。如果我們定義出現機率在百分之90之內屬於可接受的合理或正常範圍，同上的計算步驟，我們獲得

$c = 9.89 + /-(1.645) (3.1) = 9.89 +/-5.01$，

所以一年之間有百分之90的機率日雨量超過50毫米天數界於5至15次之間，至於一年之間發生日雨量超過50毫米的日子少於5天或多於15天則是異常現象，因為長遠來說每10年才會出現一次。

汽車耗油量合理嗎？

假設汽車銷售代理商宣稱，某型號轎車採用新進設計而大大降低耗油量，每公升汽油行車里程數符合常態分配平均的20公里，標準差3公里。

有一位被超低耗油量廣告吸引購置這款新車的顧客，使用一段時間他感覺實際耗油量與廣告的數值有些差距。因為這位車主具有相當程度的統計素養，他開始記錄每次加油的容量與行車距離。在一年之中總共加油36次，平均每公升汽油的里程數等於18.5公里。

▶ 每次加油記錄里程數與平均耗油量。

由於取得這一年的樣本並非依據機率式的抽樣設計，於是他進行獨立性以及分配適合度等檢定，確保這n筆資料符合平均數$\mu = 20$，標準差$\sigma = 3$的常態隨機變數的一組隨機樣本。又這n個相等相同的隨機變數的平均數M也是一個隨機變數，他運用期望值運算獲得M的期望值$E[M] = \mu$，$V(M) = E[(M - E[M])^2] = \sigma^2/\sqrt{n}$。

接著他進行計算Pr(M < 18.5) = Pr(Z < (18.5 − 20)/(3/6)) = Pr(Z < −3) = 0.0013。出現這麼小的機率，他指控廠商廣告不實。合理嗎？

判斷假設與真實情景是否形成顯著矛盾的理論與計算過程，敬請參考相關假設檢定的論述。

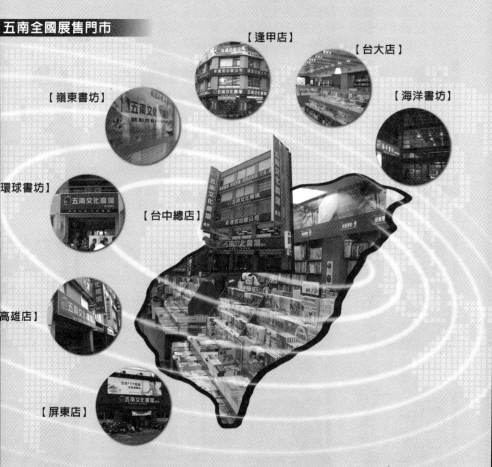

五南圖解財經商管系列

※ 最有系統的圖解財經工具書。
※ 一單元一概念，精簡扼要傳授財經必備知識。
※ 超越傳統書籍，結合實務精華理論，提升就業競爭力，與時俱進。
※ 內容完整，架構清晰，圖文並茂，容易理解，快速吸收。

圖解財務報表分析
／馬嘉應

圖解會計學
／趙敏希、
馬嘉應教授審定

圖解經濟學
／伍忠賢

圖解財務管理
／戴國良

圖解行銷學
／戴國良

圖解管理學
／戴國良

圖解企業管理(MBA學)
／戴國良

圖解領導學
／戴國良

圖解國貿實務
／李淑茹

圖解人力資源管理
／戴國良

圖解物流管理
／張福榮

圖解策略管理
／戴國良

圖解企劃案撰寫
／戴國良

圖解顧客滿意經營學
／戴國良

圖解企業危機管理
／朱延智

圖解作業研究
／趙元和、趙英
趙敏希

博雅文庫 052

巷子口機率學

作　　者　許玟斌
發 行 人　楊榮川
總 編 輯　王翠華
主　　編　張毓芬
責任編輯　侯家嵐
文字編輯　錢麗安
封面設計　盧盈良
出 版 者　五南圖書出版股份有限公司
地　　址　106台北市大安區和平東路二段339號4樓
電　　話　(02)2705-5066
傳　　真　(02)2706-6100
劃撥帳號　01068953
戶　　名　五南圖書出版股份有限公司
網　　址　http://www.wunan.com.tw
電子郵件　wunan@wunan.com.tw
法律顧問　林勝安律師事務所　林勝安律師
出版日期　2013年12月初版一刷
定　　價　新臺幣280元

國家圖書館出版品預行編目資料

巷子口機率學／許玟斌著. — 初版. — 臺北
市：五南，20113.12
　面；　公分
　ISBN 978-957-11-7362-7（平裝）
1.機率論
319.1　　　　　　　　　　102019908